倦怠自救指南

如何重掌工作与生活的自主权

[美] 迈克·詹姆斯·罗斯（Mike James Ross）
[加] 塞库尔·西奥多·克拉斯特夫（Sekoul Theodor Krastev）/ 著
[加] 丹·皮拉特（Dan Pilat）
邓文静 李文敏 / 译

INTENTION

The Surprising Psychology of High Performers

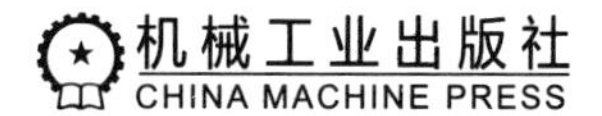

Mike James Ross, Sekoul Theodor Krastev, and Dan Pilat. Intention: The Surprising Psychology of High Performers.
ISBN 978-1-394-189151

北京市版权局著作权合同登记　图字：01-2024-0047 号。

图书在版编目（CIP）数据

倦怠自救指南 ：如何重掌工作与生活的自主权 / (美) 迈克·詹姆斯·罗斯 (Mike James Ross)，(加) 塞库尔·西奥多·克拉斯特夫 (Sekoul Theodor Krastev)，(加) 丹·皮拉特 (Dan Pilat) 著 ；邓文静，李文敏译. -- 北京 ：机械工业出版社，2025. 3. -- ISBN 978-7-111-77783-0

Ⅰ. B849

中国国家版本馆 CIP 数据核字第 2025TE3366 号

机械工业出版社（北京市百万庄大街 22 号　邮政编码 100037）
策划编辑：张　楠　　责任编辑：张　楠　林晨星
责任校对：孙明慧　张慧敏　景　飞　　责任印制：刘　媛
涿州市京南印刷厂印刷
2025 年 3 月第 1 版第 1 次印刷
147mm × 210mm · 10.5 印张 · 1 插页 · 199 千字
标准书号：ISBN 978-7-111-77783-0
定价：69.00 元

电话服务　　网络服务
客服电话：010-88361066　　机　工　官　网：www.cmpbook.com
010-88379833　　机　工　官　博：weibo.com/cmp1952
010-68326294　　金　书　网：www.golden-book.com
封底无防伪标均为盗版　　机工教育服务网：www.cmpedu.com

献给我们的家人、朋友与同事

目 录

CONTENTS

第 1 部分

入门之径

第1章
引　言

不要顺着已有的路走，要到没有路的地方，辟出一条小径。

——拉尔夫·瓦尔多·爱默生

（Ralph Waldo Emerson）

为何需要重视意图

我们陷入了窘境。我们沉溺于躺在沙发上，手指在电子屏幕上不停滑动；我们疲于应付工作；我们囿于惯性的行为模式，困于定势和固化的思维。我们牺牲自身的自主性换取了无尽的舒适，生活在精心打造的世界里，却也陷入了空虚和无聊。

当目光被接连不断的精彩画面吸引时，我们偶尔也会瞥见视线之外的某些人。那是一些与我们类似的人，但他们却显得如此幸福而满足。他们在人生道路上游刃有余、优雅从容，克服了重重阻碍，创造出令人惊叹的成就。

仔细观察，我们便会发现，他们并非神明或超人。他们只是选择不被困境所束缚，决心成为自己生活“主角”的普通人。他们眼中的成功并不是天赋异禀的少数人所独享的权利，而是心怀意图、用心生活的结果。

现在请你花一点时间，想象一下另一个你。假设另一个你在日常生活中是一个超级英雄，你的超能力是拥有无限的自控力。周围的环境依旧如故，但你却突然拥有了一股力量，能够全情投入生活中的所有事情，克服困难。想象一下这样的场景，思考一下你的生活，你的日常习惯会有哪些改变（例如，你在早晨的日常活动会有什么变化）？你的生活会变成什么样子？你的感觉如何？这种新的生活方式会给你的自我认知带来什么影响？你又会为你的家人、朋友和同事带来何等的价值？

这个练习并非空想，而是一项挑战。我们将在本书的剩余部分帮你做好准备，迎接这项挑战。

我们从哲学、心理学、宗教学、神经科学和组织管理学等多个相关的学科中汲取了灵感，深入探讨了意图的五大核心要素：意志力、好奇心、诚实、注意力和习惯。对于每个要素，我们都给出了简要的科学概念，说明它们为何重要，以及它们是如何发挥作用的。更重要的是，我们不仅给你提供了实用的信息，还向你展示了如何将相关知识与方法运用到你的工作和生活中，以提升你在各方面的自主性、真实感和参与感。意图是自我身份的表达，失去意图就等于失去自我。我们的目标是帮助你重新唤醒自己内心的力量。

这些要素不是与生俱来的，也并非不可改变

意志力、好奇心、诚实、注意力和习惯这五大核心要素是所有高效能者的共同特质，最新的研究也表明，它们是实现成功的重要因素，但我们不仅仅因为这个原因而关注这些要素，我们更看重的是，它们关系到我们如何提升自己的自主性，从而过上更为充实的生活。这五大核心要素的另一个共同点在于，我们中的许多人从小便被教导（并且如今仍然如此认为——请参考下面的调查数据），这些要素是与生俱来的，只是个体存在着程度上的差异。然而事实并非如此，在本书中，我们将用科学证据向你展示，这些要素具有可塑性，你可以通过训练有所改善，我们还会教你如何进行训练。无论你想在工作、家庭、运动、艺术还是精神等方面取得成就，你都可以通过这五大核心要素的相关训练来提升自己。

> 近半数的人认为，意志力、好奇心、诚实、注意力和习惯是与生俱来的，无法通过训练有所改善。[1]

本书虽然以科学为基础探讨了这些要素的内涵，但科学并不能完全解释一切，因此，我们还需借助案例研究、故事、图表和图画等来阐明我们的观点：无论你是谁，无论你如何看待这些要素，你都可以利用它们来强化自己的意图。

本书要传递的核心信息是，心怀意图、不断精进的状态可以通过训练而得到强化。心怀意图不仅仅是一种瞬间的主动状态，更是一种时刻将意图铭记在心以勉励自身的应用过程，能够改善我们自己和周围人的生活。

高效能的含义

本书旨在探讨高效能者的技能——不是指他们不间断跑完马拉松或者领导《财富》500强企业团队的能力，而是指他们拥有的意志力、好奇心、诚实、注意力和习惯。我们听闻相关经历并敬佩高效能者并不一定是因为他们取得了传统意义上的辉煌成就——也许他们只跑完过一次马拉松，也许他们只是几十年来第一次在街区里散步，感受风土人情。我们认为高效能并非意味着与他人竞争或者达到某个客观标准，而是代表着一种生活方式。高效能者与他人的不同之处在于，他们能够忠于自己的意图采取行动。他们或许是首席执行官（CEO）和顶尖的运动员，或许是学生、全职家庭主妇或主夫、领取最低工资的工人、艺术家。即使身处艰难的环境，他们也能利用意图的力量，甚至在某些情况下，还能将这种力量传递给他人。

对于我们而言，高效能可以涉及具体的客观标准（比如在10分钟内吃掉25个热狗），也可以只是涉及笼统的表述（比如成为一个普遍意义上的“好人”）；高效能可以是外在的表现（比如迈克尔·菲尔普斯（Michael Phelps）获得了许多金牌），也可以是内在的成就（比如一位67岁的老人克服了对开车的恐惧）；高效能可以引领我们赢得社会所定义的成功，也可以指引我们取得自身向往的美好生活所定义的成功。

我们不会评判或比较每个人展现高效能的方式。我们将高效能定义为个体拥有完成主观难题的能力。如果你的目标是快速地吃掉很多热狗，那就大胆尝试吧——我们会尽力帮助你实现这一目标。如果你对高效能的愿景是让世界变得更美好，我们也会与你同行。就这一点而言，在当今这个时代，完成那些困难的事情比以往任何时期都更有必要，而本书提及的五大核心要素可以帮助我们提升自己的影响力。意图并非消除倦怠情绪和疏离感受的灵丹妙药。在某些情况下，这些情绪和感受可能有着更深层次的原因而我们无法处理，但我们发现，在生活中坚定自己的意图，可以帮助我们走出倦怠、摆脱困顿。

超越个体

本书旨在帮助各个企业提升员工的工作敬业度，应对相应的挑战。通过运用意图的五大核心要素，建立一个每个成员都心怀意图、奋勇前行的团队，你可以提升同事的绩效，帮助他们重拾自主意识。这样一来，你们就能共同塑造一个更有活力、更具适应性和韧性的组织。此外，消除倦怠情绪，在生活的某个领域将自己的意图付诸实践之后，你可以显著提升自己在其他领域将意图变为现实的能力。你在自己的生活中心怀意图并将其付诸行动，你的家庭、社区和社会也会受益匪浅。究其原因，不仅你的参与会感染身边的其他人，而且你尽自己所能的践行总会有所贡献，无论贡献是大是小，无论你选择的领域如何。

关于我们

虽然本书的大部分内容都在解释高效能者的含义，以及如何实现高效能，但我们自己并非总是符合高效能者的标准。我们确实在努力地朝着成为高效能者的目标不断前进，但和所有人一样，这对我们来说是一个逐步成长和学习的过程。不过，我们确实对应用行为科学方面的知识了解甚多，知道如何激励人心。我们想把这些知识分享给大家，这就是我们写下本书的目的。

丹和塞库尔是决策实验室（The Decision Lab，TDL）的联合创始人，这是一家致力于运用行为科学创造社会价值的应用研究和创新机构。两人在多伦多生活时曾是室友。当时的丹在银行任职，塞库尔是波士顿咨询公司（Boston Consulting Group）的咨询顾问。后来，他们决定凭借自身在决策系统和神经科学方面拥有的专业知识，创建一家对自身业务有着明确规划的组织。TDL与全球一些大型组织合作，在关键领域进行研究，还经营着一份在应用行为科学领域最受欢迎的刊物。他们曾经为比尔及梅琳达·盖茨基金会（Bill & Melinda Gates Foundation）、第一资本（Capital One）、世界银行（World Bank）和众多《财富》500强企业提供科学的解决方案，帮助它们应对最棘手的挑战。

迈克曾经拥有律师、私募股权投资者、麦肯锡咨询顾问和创业者等多重身份，现任加拿大一家大型零售企业的首席人力资源官（CHRO）。他不仅激励和吸引着5000多名员工，还维护着一种传承了180多年的独特的企业文化。他最引以为豪的成就是将自己的子女培养成了拥有明确人生目标的良好公民。

第2章
倦怠的世界

我宁愿不做。

——赫尔曼·梅尔维尔（Herman Melville），

《抄写员巴特比》(*Bartleby, the Scrivener*)

现代生活有一股强大的牵引力，迫使我们陷入日复一日的刻板生活，沉溺于一些消极且无意义的行为。我们都是这股力量的受害者。它诱使我们在该运动的时候窝在沙发上，在理应启动创意项目的时候沉迷于电视剧，阻碍我们勇敢地追求爱情，让我们丧失了生活的主动权，无法发挥自己真正的潜力。

简而言之，现代生活的一个显著特征在于人们普遍陷入了一种倦怠的状态。这种倦怠无关人们的精神健康状况，而是一种“无所谓”的普遍心态。美国作家科里·凯斯

（Corey Keyes）在21世纪初创造了“倦怠”（languish）一词，用来描述这种空虚、停滞的状态，即“一种寂静的绝望”。倦怠的人常常用“空洞”“空虚”“空壳”和“虚无”来形容自己与自己的生活。[1]正如亚当·格兰特（Adam Grant）在其刊登于《纽约时报》的广受关注的文章中所言，倦怠会导致“快乐消退和动力减弱”。[2]

我们是怎样走到这一步的？在一个赋予我们更长预期寿命的时代，在一个拥有前所未有的舒适感和安全感的社会，我们为什么反而陷入了抑郁[3]、焦虑[4]和自杀[5]现象日益增多的困境？为什么那些现代科技和工具，在让我们与祖先相比就像拥有了神力的同时，却让我们中的许多人感到无助？工作场所从来没有像现在这样关心目标和意义，为什么却会让人们感到无趣和空虚？相较于从前，如今为何有越来越多的人感受到一种疏离感，或者缺乏热情和动力？

我们产生疏离感的缘由错综复杂。[6]一个重要的因素在于，我们生活在一个安逸且便利的时代，一切都被安排妥当。在工作中，我们不断提高自己的专业水准，追求更高的效率和成就。然而，在为了获得成功而频繁将平凡琐事交给他人的同时，我们也逐渐放弃了自己的自主性。我们在生活中面临着无数的选择，可我们却缺乏决断的勇气。对此，我们选择逃避，不再积极参与自己的生活。

目之所及

好消息在于：倦怠和疏离感并不一定是个人失败的标志，而通常是我们所处环境形成的结果。请你回忆一下，上一次感觉自己不应该停留于现状，但没有采取行动去改变现状，最终陷入无望的沮丧之中是怎样的场景。当感到郁郁寡欢时，我们往往有着“我需要离开这儿”和“但是可能性并不大”的矛盾情绪，我们最后通常选择不做任何改变。

虽然人们很容易将倦怠和疏离感的产生归咎于互联网的普及与社区凝聚力的日渐缺失，但倦怠和疏离感并非前所未有的新鲜事物。19 世纪晚期，埃米尔・涂尔干便用“失范”（anomie）一词来描述现代工业生产线上的工人所体验到的疏离感。甚至，在更早之前，柏拉图便指出了一种类似的情绪，他称之为“不能自制”（akrasia）：知道自己应该做某事，却违背了自己明智的判断，最终无所作为。

倦怠和疏离感的相关现象并不局限于北美社会，比如，日本有“蛰居族”（hikikomori），他们过度自我隔离。20 世纪 90 年代，日本的经济停滞，加上社会压力和心理健康问题，引发了现代版的“隐居运动”。多达 100 万日本居民选择了这种“隐居生活”，他们待在家里，拒绝工作和社交。如今人们甚至认为，选择成为“蛰居族”的人越来越多——不仅在日本是这样，在全球范围内也是。[7]

倦怠消沉与自我毁灭

当对生活感到无能为力的时候，我们会找寻各种方法试图掌控生活。然而，我们常见的应对方式往往弊大于利。有些人的选择过于极端，比如酗酒或吸毒等，但许多容易被忽视的日常行为其实也毫无益处，比如沉迷于无意义的电视节目，忽视身体健康，摄入过量的糖分，或是腾不出时间进行高质量的人际交往。

我们为什么会选择做出自我毁灭的行为呢？在《反常之魔》（*The Imp of the Perverse*）中，埃德加·艾伦·坡（Edgar Allen Poe）对我们明知故犯、拖延不决的行为进行了阐述：

> 我们面前有项紧要的任务，我们明知拖延将带来灾难性的后果。我们生命中最重大的危机，就像是号角一般高声呼唤着我们，催促我们立即全力以赴。我们热血沸腾，迫不及待想要开始工作，憧憬可能实现的辉煌成果，这份期待让我们的整个灵魂都在燃烧。我们应该且我们必须在今天就开始，但我们却推迟到明天！这是为什么呢？[8]

我们深深渴望着自主权，这种渴望会在一切可能出现的地方露头，而我们选择做出自我毁灭的行为就是证据。有时候，我们觉得自己所做的决定都是糟糕的。以现代现象“报复性熬夜”为例，记者达芙妮·K.李（Daphne K. Lee）用这个词来描述那些“丧失白天生活中大部分控制权的人”——为了在深夜时段重获自主权而拒绝早睡。[9]如果你曾经为了感受自由而做出自己明知有害的事情，你就会理解这个概念。

想要改变不良的睡前习惯，人们通常得到的建议是制定规则以形成良好的睡眠秩序，比如避免睡前使用电子设备。那些报复性熬夜者对这类改善睡前习惯的建议耳熟能详，却仍旧选择熬夜。正如某位报复性熬夜者所说：“这是一种反抗——一种对日常生活中无休止责任的反抗。在成年人的世界里，我们每个人的生活几乎都被各种各样的责任包围着。”[10]这些报复性熬夜者所做的，其实只是通过他们屈指可数的发泄渠道之一来重获自主权。我们不需要提醒自己在睡前放下手机，我们需要空间来为自己做出选择，我们需要行使基本的人类权利，决定自己的命运。如果你能够与报复性熬夜者产生共鸣——或许你熬夜的程度较轻，又或者你的拖延体现在其他领域——你并不孤单。

> 63%的人表示，他们会做一些自己明知是自我毁灭的事情——为了获得一种对生活的掌控感。

职场自主权之损

也许没有什么地方能比工作场所更容易让人陷入倦怠情绪了。埃米尔·涂尔干提出“失范”概念之时恰逢工业革命的开端，这并非偶然。除非有意将工作设计为能抵抗倦怠的，否则倦怠将一直存在。以2022年为例，全球竟有高达77%的员工对工作缺乏投入感。[11]

尽管雇主们绞尽脑汁想让员工们投入工作，但工作中的疏离情绪持续增多。效率工具的普及极大地剥夺了员工们的自主权：经理们必须按照既定的话术与团队沟通，不能想说什么就说什么；董事们运用目标与关键成果（OKR）、关键绩效指标（KPI）这样的衡量工具来将任务细化到每日、每周、每月、每季度和每年。再也没有人能够自主决策了。

个人生活中的倦怠以及工作中的疏离感来自共同的根源：自主权和满足感的缺失。遗憾的是，与个人生活类似，大部分关于提升员工敬业度的建议关注的方向都错了。在实际中，那些管理者并未赋予员工更多的自主权和满足感，而是试图通过确立使命宣言、传达经营目标来强调工作的意义，希望以此提高员工敬业度。使命宣言固然重要，但尚不足以赋予员工自主权和满足感。他们应该赋予员工自主权，但先要使员工获得身份认同，两者相辅相成。没有自主权，使命宣言和工作的意义只是无源之水。

不幸的是，个人的自主权常常被视为干扰因素，而一致性、效率和生产力才是工作中更重要的目标。换言之，个人的自主权常常被看作威胁因素，被认为无益于生产效率。

颇有讽刺意味的是，缺乏自主权不仅会使员工失去工作动力，还会对组织成果产生不良影响。例如，新冠疫情等突发事件暴露了现代组织过度追求高效和精益化，这导致它们在面对突发事件时脆弱不堪。面临突发事件时，那些在现代管理科学领域处于领先地位的组织却孤立无援。因为削弱了自主权，组织失去了适应变化和抵御风险的能力。

我们每个人都有能力战胜倦怠，重拾意图。然而，与我们对抗的阻力在不断增强，并以各种方式呈现：从社交媒体平台的激增到家庭、同事和同伴施加的压力。在工作中，这些阻力表现为我们真正能做出的自由选择不断减少，以及我们在工作中扮演的角色与自己的真实本性出现分离。面对各种干扰和破坏工具的日益强大，我们抵抗这些阻力变得更加艰难，然而，这并不意味着我们应该任由它们主宰我们的生活，阻碍我们发挥自己作为人类所拥有的潜能。

第3章 何为“意图”

蜘蛛团结起来，就能拴住一头狮子。

——埃塞俄比亚谚语

30万年前，当人类初次现身地球时，智人并非唯一的原始人。我们很有可能与其他5～7种原始人共同生活在这个星球上。其中的一些人种，例如尼安德特人，可能在体格上比我们更大，更健壮。从头骨来看，他们的脑容量也明显超过我们。现代人的脑容量大约为82立方英寸[⊖]，尼安德特人的脑容量则可以达到100立方英寸。虽然脑容量对智力的影响权重只有9%～16%，但尼安德特人确实在这方面占据上风。[1]尽管在体格上具有优势，但他们却在4万年前“灭绝”了。不过，“灭绝”可能并不能准确地反映他们的命运——在

⊖ 1立方英寸=16.39立方厘米。

我们的先辈们到达欧洲，通过竞争资源（有时是通过抢夺他们的食物，有时是通过杀戮）将他们逐出生存之地前，他们曾在漫长的历史长河中繁衍生息。[2]

与其他同类相比，我们到底具备什么优势呢？答案可能在于我们运用智慧的方式，而非蛮力。使用火的能力无疑为我们的生存带来了帮助，但真正区别我们与其他原始人的重要因素可能在于我们拥有进行社会合作、运用复杂的语言和抽象概念的能力。我们策划、沟通和协同工作的能力弥补了自身身体的局限性，这些能力的助力在群体中更为显著。我们的大脑具有独到之处，能够让我们超越此时此地，形成复杂的信念，与他人分享这些信念并共同努力。

我们并不仅仅专注于当前切实的生存需求，还能通过思维进行跨越时间的遐想。我们可以制订复杂的计划，对未来进行预设，更关键的是，我们有能力创造出一个尚未显现的未来。使我们与众不同的并不是我们的体格，甚至不是火这样的工具，而是我们共同拥有的一种无形力量：我们的共享意图。[3]

意图：生存利器

在人类学、进化生物学和发展心理学等领域，学者们投入了数十年时间去研究共享意图的演化过程，探究这一机制如何帮助我们在生存竞争中超越其他物种，以及在现代社会中的人们身上如何体现。在这些研究中，最具影响力的一部分成果来自杜克大学的发展心理学家迈克尔·托马塞洛（Michael Tomasello）。在长达数十年的研究中，托马塞洛始终坚持认为，“社会认知是人类独特的‘秘密武器’”。他强调，一些对人类来说相对简单的任务，对其他灵长类动物来说却难以完成，这些任务包括过度模仿（即模仿动作的风格，而不仅仅是动作本身）、递归心理理解（意识到对方知道我们所知道的事情），以及有意识地引导对方进行社会学习（刻意教导对方如何与同类交往）。

虽然很难准确解释我们是如何演化出这些能力的，但它们很可能是环境压力的产物。大约200万年前，还有20万年前，资源极为稀缺，但情况并未严重到让所有生物全部灭绝的地步。这种环境导致了“金发姑娘”状态，这种状态下有一种独特的平衡：只有具备某些特性的生物能够存活下来，比如那些学会了合作的生物。如果生存条件过于严酷，早期的原始人可能无法生存；如果生存条件过于宽松，他们则无法感受到足够的自然选择压力——这种压力会迫使他们朝向某种特定的能力进化。然而，在适度的环境压力和充足的时间下，自然选择压力能消除个体间的差异，迫使他们分享想法、观念和意图。如果这种情况发生在孤立的环境中，他们可能会齐心协力，找出解决方案，然后继续生活。但是，当环境本身奖励共享目标的时候，经过数代的演化，最终就会形成一种具有优势的物种：这种物种不仅能够在当前时刻协调合作，更具备一种超越协作能力的优势。

何为共享意图

尽管乍一看协作意图和共享意图有些相似，但共享意图并不仅仅是简单的协作。为了说明这一点，让我们参照近百年最杰出的哲学家之一约翰·塞尔（John Searle）所设计的思想试验。[4]假设有两组人：一组在公园里野餐，另一组则正在为演出进行舞蹈排练。现在，让我们设想以下两种场景：

- 当暴风雨突然袭来时，野餐者纷纷奔向树下寻求庇护。
- 舞者所排练的舞蹈有奔向树下寻求庇护的动作。

这两种场景之间有什么区别呢？根据塞尔的观点，这两种场景正反映了所谓的“我的意图”与“我们的意图”的不同。尽管野餐者的一致行为看似是共享意图的结果，但事实上，他们只是“自私自利”的个体的集合。他们的行动碰巧一致，这是因为他们都在对同样的刺激做出反应——他们用一种看上去协作一致的方式来满足私利。然而，舞者是有意选择协作一致的，这体现了“我们的意图”。同样，其他动物的一致行为或许看似基于一种集体意图，但在大部分情况下，它们显然是在一致的自我利益驱使下进行活动的。[5]

这引出了贯穿本书的一个重要观点：那些看似相同的行为（包含一些被视为“高效能表现”的行为）却可能源自不同的内在驱动机制。观察公园里正在跑步的一群人时，这一点可能并不那么明显，然而，当你回顾人类历史中由强烈意图催发的一些惊人成就时，这一点就显而易见了。

意图如火，代代相传

要实现那些远大而艰巨的目标，我们必须持之以恒。这种不达目的不罢休的能力是意图的核心所在。意图绝非下决心拿起一支铅笔那么简单，它是一种突破个人极限的力量。纵观历史，我们可以看到，意图不会随着肉体的消亡而消失。公元前 221 年，嬴政一统天下，成为秦朝的开国皇帝。他一生打造了多项宏伟工程，其中之一就是将自己与敌人在今中国境内修筑的众多防御工事连成一体。这些防御工事最早可追溯至公元前 8 世纪至公元前 5 世纪。后来，经过不断地改造、扩建和修缮，这项工程一直持续到 16 世纪。这些付出构成了如今我们所熟知的中国长城，这是世界上最大的人造构筑物之一，由10 051段墙体、1764段壕堑与界壕、29 510座单体建筑以及2211座防御工事与关隘组成，总长度为13 170.70英里[㊀]。

嬴政当初启动这项工程时，是否曾想过，他的长城将抵御外敌长达数千年，甚至在遥远的21世纪仍能每年吸引上千万游客？答案恐怕是否定的。无论他最初的愿景如何，他的个人意志最终化为了集体意志力。历经千年，数十万工匠为长城奉献了自己的一生。不可否认，这些工匠或许并非怀有同样的意图，但他们人数众多，足以让这项工程继续下去。让长城屹立不倒的信念如野火燎原，将嬴政的愿景代代相传。这就是共享意图的力量。

从个体的角度来看，我们在意那些我们永远无法目睹的遥远未来似乎是一件反常的事情，然而，正是这种超越个人、跨越时空的心怀意图，使智人成为独一无二的存在。

现代的意图与自我

随着世界的发展与变化，我们借助意图的力量创造了越来越复杂的事物。载人登月是一项艰巨的任务，除了摆在人类面前的技术难题之外，更要考虑人类开发这些技术所付出

㊀　1英里≈1.609千米。

的长期努力。我们继承前人的衣钵，在这一领域不断前进。起初，我们通晓各个领域的知识，专注于探索宇宙的本质。后来，我们的职业开始分化，出现了数学、化学和物理学等领域的专家。随着技术的日益复杂，我们进一步朝着专业化的方向发展，思想领袖们甚至倾其一生都在研究某个公式。在无数人耗费自己的毕生精力解决了一系列微小的问题之后，我们才终于迈出了最后一小步。这一小步不仅仅是一项伟大的成就，更是我们人类身份的必然体现，是人类文明的一次巨大飞跃。

意图首先是一种身份的表达。自我意识，于个人而言，可以对应意识、自我或灵魂；于群体而言，可以对应忠诚或归属感。正是依靠自我意识作为载体，意图得以穿越时空而延续下去，成为人类最强大的工具之一。

我们有能力借助意图的力量将目标和想法变成现实。但如果缺乏正确的方法，我们可能穷尽自己的一生都在彰显着并不真正属于自己的身份。如今，不少人都遵循着不属于自己的愿景而活着，并由此产生了倦怠或疏离感，而这正是促使我们创作本书的现实基础。因此，在接下来的章节中，我们将从科学的角度解释意图，并探讨如何运用相关的科学理念来成就真实而具有批判性的自我。

第 4 章
成为主角

大多数人都是自己的他者。他们的想法是别人的意见，他们的生活只是一场模仿秀，他们的激情是对他人的引用。

——奥斯卡・王尔德（Oscar Wilde）

在 2021 年上映的电影《失控玩家》（*Free Guy*）中，瑞安・雷诺兹（Ryan Reynolds）饰演的是电子游戏中的非玩家角色（NPC）。在某一天，他的自我意识觉醒了，做出了一个极致的自我肯定的选择：他没有选择滴滤咖啡，而是点了卡布奇诺。

咖啡馆中的店员和其他顾客都目瞪口呆地看着他，于是他迅速改回了自己常点的滴滤咖啡，但为时已晚，这一刻的觉醒已经改变了一切。他突然意识到，自己不需要遵循游戏剧本，他拥有自由意志，可以选择去做自己想做的任何事情。在下单卡布奇诺之时，雷诺兹就成了游戏的主角，能够自主地做出决定。当他离开咖啡馆时，店员的脸上露出了一种困惑但又似乎有所醒悟的表情，在那一刻她或许意识到自己也能拥有自由意志。

但就故事情节的发展而言，这部电影蕴含的意义远不止观众在荧幕上的所见。雷诺兹惊觉于自己不需要遵循剧本，更惊觉于自己一直在遵循一个剧本。我们往往认为自己做某件事情完全出于自己的意愿和自由选择，然而实际上我们会受到来自父母、社交媒体平台或营销活动等外界因素的强烈影响。这是一个令人不安的事实。

如果被问到是喜欢过 NPC 的生活还是主角的生活，大多数人可能都会选择自己塑造自己的命运。这是合情合理的。罗伊·鲍迈斯特（Roy Baumeister）和劳伦·布鲁尔（Lauren Brewer）的研究表明，仅仅相信自由意志存在，就能提高生活满意度，更能发现生活的意义，降低压力水平，提升自我效能，增强自控力。[1] 谁不想成为“失控玩家”呢？

问题在哪里呢？享受自由说起来容易，实现起来难。最基本的一点是，我们和他人共同生活在社会中，因此我们被共享意图所束缚。虽然共享意图使我们得以远远超越其他灵长类动物，但这往往以牺牲个人选择为代价。成为主角的必要条件之一就是要成功应对相关挑战。

我们或许已经进化出集结群众、集思广益以实现巨大梦想的能力，能够建造出万里长城般雄伟的工程。然而，回到个人层面，共享意图往往要以牺牲个性和自主权为代价，迫使我们去追求那些并非源自我们内心的目标。举例来说，一位职位以 C 字打头的高管也许会用她的全部职业生涯去追求地位和财富，然而最终却意识到她从未真心渴望过这些，她只是在遵循社会塑造的理想生活蓝图。那些为了取悦求全责备的父母而做出重大人生选择的儿女，或许终会发现，他们对于得到的所有成就其实并无真实的满足感。这并不是说他们缺乏主观意图，他们只是学会了顺从他人的期望。这种错位的认同可能会让人付出沉痛的代价，无论是对个人还是对社会都会造成无法估量的损失。

我们也必须承认，对一些人来说，他们行使自由权要比其他人容易得多。许多人选择受限是因为他们囿于性别、性取向、种族、能力、社会经济等方面的种种限制。然而，事实上人们总会有机会做出一些选择。正如奥地利心理学家维克多·弗兰克尔（Viktor Frankl）所说："一个人可以被夺走一切，但有一样不能被夺走，那就是人类最后的自由——在任何境况中选择自己的人生态度、生活方式的自由。"[2] 那么，我们该如何选择才能成为我们想成为的主角呢？

意图修炼入门指南

古希腊哲学家赫拉克利特（Heraclitus）坚称，生活是一种不断变化的状态。这意味着我们需要专注于过程而非目的，把握和珍惜眼前的每一次选择，无论这些选择看起来有多微不足道。生活并不是选择点一杯卡布奇诺或是滴滤咖啡，我们的目标在于更了解当下遵循的剧本，并做出能力之内的选择。这些小小的选择累积起来，也会为我们将来做出更重大的决策有所助益。

我们甚至可以选择从模仿他人开始。我们都知道一些可以激励我们勇敢做主角的人。无论你生活在哪里，过着怎样的生活，你都会遇到身体力行这种思维方式的人——那些具有主导精神的人。他们不一定是最富有的，也不一定是最时髦的，但他们是你愿意花时间共处的人。光是在他们身边，你就会感觉自己受到激励，因为他们正在过着属于自己的充实生活，而这样的生活并不是他人为他们提前设定好的。

没有任何外在因素能约束你去模仿这些人。你唯一需要的就是心怀意图，有决心，有行动。可是，成为主角的道路虽然简单，但并不轻松。成为主角需要你付出一生的努力，但你可以在任何时刻、任何地方开始努力。幸运的是，无论是在历史上还是在我们的日常生活中，都有许多人能给我们带来启发。想想《失控玩家》中的咖啡馆店员，这些激励人心的人物鼓舞我们成为更真实的自我，而非仅仅模仿他们。

在新加坡举办的一个全球培训项目中，迈克（本书作者之一）遇到了一位 22 岁非常成功的日籍咨询顾问。这位年轻的咨询顾问对他说："我在小学时就是班里的佼佼者，高中时也从一个竞争激烈的学校中脱颖而出，后来我以优异的成绩从国内最顶尖的大学毕业。"在一段长时间的沉默之后，他问道："我怎样才能明白我这一生到底想要做些什么呢？"尽管他拥有所有人梦寐以求的成功标志，但实际上并没有真正地活着。他的生活被父母、社会以及现在上司的期望所左右。最令人痛苦的是，他完全活在别人的期待中，以至于丧失了认识自己真正愿望的能力。他活在别人的梦想中，充当一个别人剧本中的 NPC。迈克当时已经放弃了传统的咨询顾问成功之路。遇到迈克之后，这位年轻的咨询顾问开始思考一个问题：我怎样才能成为自己想成为的人，而不是别人期望我成为的人？

我们很容易自欺欺人，以为实现了传统意义上的成功就意味着自己是主角。等到深入反思自己的行为动机时，我们总是不难发现我们的很多行为实际上受到了他人看法的影响，我们的许多决策都出于对他人期待的顺从。

> 请做一个简单的练习，花几分钟时间问问自己：你的所作所为，甚至你的身份，有多少真正源自你自己做出的选择，而不是源自你的父母、朋友、上司等人的建议和愿望？这并非意味着一定要追求"做自己热爱的事"，因为寻找这种难以捉摸的东西往往伴随着复杂的

挑战。关键是去做你决定要做的事，而不仅仅是随波逐流，接受他人为你做出的一系列选择。

正如第3章所探讨的，我们可能会惊讶地发现，自己不过是在遵循别人的剧本，或者塑造了一个自己并不真正认同的自我。我们甚至有可能发现，自己不知道该如何开始塑造自我。

社会和家庭的压力使我们所有人都可能经历这种对身份的迷惘。迈克在法学院读书时感到迷茫（实际上，正是这种迷茫让他最初选择了法学院）。他没有去深入思考如何利用来自自己所受教育的馈赠和特权，而是选择了追求大多数人都在追求的“光环”——进入一家大型公司，从事与公司法相关的工作。他用了好几年才明白，这并不是他想要的生活，随后，他又花费了更长的时间去探寻自己真正渴望的东西。如果你和迈克一样，还在探索，现在正是开始定义自己身份的好时机。

只有28%的人觉得他们正在积极塑造自己生活的样貌。

NPC、棋子和放纵者

虽然“NPC”和“主角”等来自电子游戏的概念可能是

新出现的，但这些概念背后的思想已经被研究了数十年。早在1968年，教育心理学家理查德·德·查姆斯（Richard de Charms）就用“本源”和“棋子”这两个术语来表达自由与被强迫的区别。根据查姆斯的理论，“本源”指的是那些认为自身行为出于自己选择的人，“棋子”则指的是那些认为自身行为受到他们无法控制的外部力量驱使的人。[3]在区分内在激励和外在激励时，查姆斯认为人类正在不断努力成为自己行为的推动力，与外界力量进行抗争。[4]

关于这个话题，美国哲学家哈里·法兰克福（Harry Frankfurt）在1988年有进一步补充，他辩称人格并非一种与生俱来的特质。人格并非属于任何具有思维能力的人，相反，人格其实是深思熟虑决定哪些欲望值得采取行动而实现的一种共同努力。[5]在他看来，人类和动物的差异并不仅仅在于人类有能力将自身的意图付诸实践。法兰克福的理论中也有类似NPC的人物，他称之为“放纵者”（wantons）——他们能够为了满足欲望而采取行动，但无法决定应该实现哪些欲望。

意图之池

许多员工就像法兰克福所说的“放纵者”，他们不知道自己真正想要什么。就像温水煮青蛙，随着精益管理、准时制生产和工作清单越来越受欢迎，员工的自主性，即他们按照自己想要的方式生活的能力逐渐被削弱。企业通过限制员工的选择空间来削弱多元化，理论上这能提高生产效率，但一切都以牺牲员工的自我选择能力为代价，全都是为了实现企业的整体目标。

至于那些产生了疏离感的员工，他们常常随波逐流，按照他人对他们的期待行事，而将真正的自我留存在工作之外的生活中。这种情况在 2022 年的科幻心理惊悚剧《人生切割术》（*Severance*）中得到了极致描绘。在剧中，员工自愿接受了一项手术，把他们的工作生活和私人生活彻底割裂。在现今社会，我们看到员工用他们的选择权来换取报酬，并承诺按照雇主的意图行事。但这并不能算作真正的共享意图，因为员工能做出的选择是别人已经替他们设置好的，而不是和他们协商做出的。

然而，我们完全可以在共享意图的系统中生活，并继续做主角。许多哲学家认为，这两者不仅能高度兼容，而且能相互促进。正如英国哲学家玛格丽特·吉尔伯特（Margaret Gilbert）所解释的，“当一个目标拥有多个主体时，实际上每个人（两个人或更多）都会将其意图融入一个意图之池中，共同为实现这个意图之池中的目标而努力。”[6] 共享意图不能被强加或交易，它必须源于自愿生发的共同信念。如果我们对我们愿意为之贡献的意图之池持有明确的意向，那么我们的目标既可以保持个人独特性，又能成为集体的一部分。这种平衡或相互依赖，正是滋养主角特质所需的营养。

责任的力量

在当今复杂的商业环境中，承担责任和做出决策的能力变得越来越重要。[7] 然而，不幸的是，我们很多人在工作中（甚至在我们的个人生活中）会出于错误的原因做出选择：或是盲从他人的决定，或是为了保护自己的职位，或是为了规避风险而控制期望，以此来保全自己。

我们有一位朋友是零售行业的高级猎头，她花了十年的时间挖掘北美地区具有领导才华的人。她向我们解释，有许多候选人毕业于顶尖大学，他们有着极其优秀的简历，但这些人并不是她所追寻的。有趣的是，她表示，最难找寻的其实并非知识储备、技能掌握或是企业文化契合度方面的优胜者，而是那些愿意为企业的决策承担责任的真正领导者。

可遗憾的是，我们许多人都生活在一个充满指责、推卸责任和去责任化的企业环境中。也就是说，高管实际上并不像我们想象中那样会做出那么多决策。常用的规避决策的策略包括观望形势再做决定，以及盲目（且代价高昂）地听从所谓的专家建议，而这些专家很可能只是告诉人们他们想要听到的。管理咨询行业的兴起（全球市值现已超过3800亿美元）在一定程度上反映出我们越来越倾向于将责任推给他人。在《纽约客》（*The New Yorker*）一篇引人深思的文章中，姜峯楠（Ted Chiang）警告称，人工智能（AI）的兴起将使这个问题更为恶化，而人工智能将取代管理咨询顾问成为新的“无过之罪”的责任承担者。[8]

在共享意图的世界中成为主角

实际上，无论我们何时与他人共同携手完成某项任务，我们都必须舍弃一部分个人意图的力量。当然，自由总是受到其他人的权利和需求的限制，但我们往往过于轻易地放弃那些自由，原因在于我们没有去寻找和挑战自己可以为自己做出决定的边界。就如同那些把决策权外包出去的领导者一样，我们常常选择不去行使我们个人意图的力量，只是屈服于给我们提供的有限选择，而没有意识到我们可以探索更多的可能性。

在一个充满共享意图的世界中，成为主角就意味着我们需要做出选择。你必须锻造你自己的意图，尽你所能去践行，然后发现你愿意为之努力的意图之池（事业或目标）。如果你必须在一个有既定目标或计划的系统中活动，如职场或学校，你应该尽可能地行使你的自由意志，选择一份符合你价值观的工作，或者找一所能够塑造你自己的学习方式的学校。如果你身处窘境，工作或学校的选择有限，那就找出你可以施加影响的环节，并朝着能够做更大决定的方向努力。

重要的是，我们需要寻找并探索表达真实自我的机会。如果你被困在一种情境中，请找到能够发挥个人意图的力量的时刻，即便那只是意味着在你的思考方式和内容上自由发挥。即使是最微小的选择，只要有目标，也都能让你离你的真实意图更近一步。举例而言，如果你热爱动物，但没有相应的教育背景或财力在动物护理行业找到一份高薪工作，那么你可以选择做志愿者或领养需要临终关怀的老年动物。每一个有意义的选择都能强化我们对真实自我的感知，并在生活参与度和满足感方面让我们取得令人难以置信的巨大回报。

生活并不如电影般戏剧化，可能不存在那么一个决定性的选择能让我们成为人生的主角，但是我们可以更加熟练地运用我们的意图，摆脱外在强加的限制，自由地选择我们是谁以及希望成为怎样的人。等到下一次面临决定的时候，请先问问自己，你有没有优先考虑自己的意图：你是在顺从别人强加给你的决定，还是在真实地表达你自己的选择？

在电影《失控玩家》的结尾，雷诺兹成功摆脱了只能作为 NPC 的局限。他生活在一个被称为“自由生活”的世界中，兴奋地发现他能做任何他想做的事，跳出了之前无休止的循环生活，并激励游戏中的其他 NPC 做出同样的选择。有种说法是，因为你是故事的主角，你能做任何你想做的事情。虽然说这种说法可能过于表面化，但事实是，当你的行为变得更加有目的性的时候，你就会更加积极地参与生活，并在这个过程中掌控自己的人生。就算只是点一杯卡布奇诺，通过成为自己人生的主角，你将会发现自己更加趋近自己想成为的人。

第5章 意图可塑

人类最伟大的发现是，人可以通过改变自己的态度来改变自己的生活。

——威廉·詹姆斯（William James）

有意图的行动可以提升个人和团队的表现。它使我们成为更出色的（或许更重要的是，更快乐的）管理者、父母、朋友、公民和人类，因为我们更加投入自己的生活。因此，提倡心怀意图去行动显然是有道理的，尤其考虑到是意图曾经为我们这个物种带来竞争优势。然而，正如我们所看到的，意图可以是一把双刃剑——我们抓住想法并付诸实践的能力反而可能会让我们成了那些本应表达我们意图之物的奴隶。

我们会发现，有人穷尽一生追求名望和财富，却突然之间发现这些根本不是他们的初心和渴望。还有那些做出取悦他人的决定的人，他们发现不管他们做什么似乎都无法让对方满意。问题并不在于他们没有根据意图行动，而在于他们已经习惯根据他人的意图而行动。

同时，我们可能遇到一些似乎天生就能够自主行动并带着使命感生活的人。这些人是推动事物发展的原动力，而非被动的接受者。他们不仅遵循着自己的原则生活，而且能够自然而然地为周遭的人的生活带来深刻的意义。通过工作与研究，我们发现，区分这两种人的恰恰是五项共同的要素——意志力、好奇心、诚实、注意力以及习惯。对于这些要素，任何人都能够通过学习和练习变得游刃有余。

这个事实值得我们深思。周遭的世界不断向我们灌输一种观念：我们可能很难过上有意义的生活——受到我们的身份、成长背景、现状、社交圈、职业等种种因素的限制。然而，越来越多的研究表明，主动权和目的感并非仅限于少数人拥有——我们每个人都能够有预见性地培养相关能力。不仅如此，在为这本书积累素材并见证了这些要素所能带来的巨大影响后，我们坚信，培养相关能力是每个人的必修课——我们应当为自己做这件事。这不仅仅是因为这样做能让我们感觉更加美好，更因为这样做能帮助我们变得更优秀——无论是对自己还是对周遭的人而言，这样做都会使我们有所收获。作为地球这个大家庭的一员，在这个日益追求自动化的世界里，我们应该努力适应并前行。

提升意图的力量不仅值得追求，而且十分可行。虽然这看起来可能令人惊讶，但我们可以像锻炼肌肉一样锻炼意图的力量。然而，在开始专注于具体的培训方法之前，我们需要承认，这需要一次信念的飞跃，需要我们超越过往的理解，勇于相信自己的直觉。“运用精神力量就可以展现更高效能”这种观点非常吸引人，但确实有些难以置信。为了阐明这一观点的强大科学基础，我们列举了来自体育、学习和健康领域的具体例子，有关意图的训练一直在这些领域中进行着。

意图训练助力获得运动佳绩

心理意象练习是体育运动中广泛使用的一种策略，旨在提升运动表现、增强心理韧性，甚至有助于伤后康复。本质上，心理意象练习是将心理可视化。运动员通过反复练习，运用五官的全部感受，重复模拟特定运动任务的全过程。你可能听说过一些职业运动员如何在心里先“过一遍”自己的动作，比如挥棒、击球、投篮或是射门，这正是他们准备投入实际运动前的一种做法。在职业体育界，意象的使用已经变得非常普遍，成为运动员训练和准备的重要组成部分。

奥运跳水运动员会反复操练，走到跳板的末端，闻着氯气的味道，感受脚下粗糙的跳板和头上紧贴的泳帽。他们会想象起跳的姿态——感觉的细微变化和肌肉的协调调动：他们脚尖离地，在空中灵动翻转，最后优雅入水。在赛前的准备阶段，他们会在脑海里反复演练这一系列动作数百次。

许多研究已经证实了心理意象练习的有效性。在2021年开展的一项元分析中，比安卡·西蒙斯迈尔（Bianca Simonsmeier）与她的同事将心理意象练习和体育训练相结合的方式与仅进行体育训练进行了比较研究，发现在近400项研究中，心理意象练习和体育训练相结合的方式能够比仅进行体育训练获得更好的结果。[1]鉴于心理意象练习是一种相对容易理解的做法，令人惊讶的是，除了专业团队，在体育领域很少有人教授。

心理意象练习是意图训练的绝佳范例：不仅可以提高运动员的身体表现，还能增强他们的心理能力。伯明翰大学著名的运动与锻炼心理学教授詹妮弗·卡明（Jennifer Cumming）博士解释说，心理意象练习不仅能帮助运动员更有效地竞赛，从训练中获得极多收益，还能让他们保持积极主动和思维敏捷。[2]作为意图的一种表现形式，意象是一种工具，需要技巧和实践才能发挥作用，但它完全是存在于我们大脑中的，这无疑是有优势的。

西蒙斯迈尔与同事在上述元分析中还发现，引入心理意象练习可以显著增强运动员的训练动机，并提升他们的心理素质和训练成果。[3]那些将心理意象练习和体育训练相结合的运动员比仅进行体育训练的运动员表现更好。换句话说，心理意象练习让运动员“弥补”了遗失的练习时间，还令运动员受益匪浅、事半功倍。心理意象练习让他们在身体能力、心理能力和动机方面都取得了领先优势，这是仅仅进行纯粹的体育训练无法达成的。

若想使心理意象练习成为训练意图的最佳途径，要面对的一个事实是，需要付出诸多努力才能有所收获。心理意象练习是颇具难度的：

> 请回想你经常做的某一种行为，你需要在大脑中逐步拆解，再现完美细节。比如，回想一下煎鸡蛋的步骤（通常，这些步骤会包含很多我们不太关注的感觉）：你能想起厨房地板的触感及脸上的微热吗？当你在大脑中再现意象时，你是否对事件按了快进键？现在尝试用你每天都会做的一种行为来进行心理意象练习，然后进行实际操作，看看意象是如何改变你的处理方式的。

意象需要练习。而且，就像任何其他事情一样，只要开始练习，你就会获得好处，随着时间的推移，这些好处只会不断增加。西蒙斯迈尔发现，心理意象练习的强度越大，效果就越好；运动员在运用意象方面的能力越强，就会取得更多积极的结果。

如果将心理意象练习扩展为完整的想象，大多数人会从中受益。在淋浴时，你或许会在大脑中再现一次重要或令人紧张的对话，而我们希望你增加感官细节，并“实时经历”整个场景。

如果你想在实现目标的过程中融入意象，并希望意象有足够的支撑力度，那么你可以逐步增加练习时间至20分钟。对55项研究和1438名参与者进行综合分析后，西蒙斯迈尔发现，20分钟对心理意象练习而言是最理想的时长，既不过长也不过短。你可以将这项练习应用于下一次重要的演讲、网球比赛，甚至是你的下一个陶艺杰作。只需要记住：意象需要练习。这意味着在实现目标的过程中，你需要将意象融入日常实践，形成一种可持续的习惯。

意图的力量非常强大，甚至在与随后的行动（比如运动意象）相隔甚远的情况下，也能对表现产生深远的影响。为了进一步阐明这一点，让我们来看在“学校”这一背景之下，意图如何发挥作用。

学业成就与意图训练

并非每个学生都能立刻适应大学生活。学生往往需要经历一个适应过程，才能掌握新的自主学习方式。学生若是因不适应而表现欠佳，并不意味着他们不适合上学，他们只是需要在这方面表现得更好。因此，学生不必倍感压力。

个体应该如何做才能够在学校取得更好的成绩呢？在一项广受关注的元分析中，史蒂文·罗宾斯（Steven Robbins）

和其他研究人员分析了100多项不同的研究，试图找出学习成绩的预测因素。[4]他们想要了解哪些预测因素与学生在大学中的表现最为相关。他们最终发现，在所有研究的因素中，制定明确的目标和拥有高度的自我效能感是最重要的两个因素（换句话说，就是设定意图，并且感到自己能够实现这些意图）。相比于与学习相关的技能、社会经济地位、标准化测试，甚至是高中平均绩点，这两个因素能更好地预测学生的表现。最妙的是，这两个因素可以培养。

这样的研究使像社会情感学习（SEL）这样的教育方法得到普及。这些方法更加强调教授软技能，例如有意图地设定目标。尽管教育通常在具体层面上进行（例如，记住$\pi \approx 3.1416$或秘鲁的首都是利马），但学校所带来的主要价值大多在元层面（学习如何学习和适应社会）。像SEL这样有益于目标意识的方法不应该只是数学或英语等标准课程的附加内容，它们对生活的各个层面都有积极的影响。对于许多学生来说，特别是那些缺乏榜样或曾被边缘化的学生来说，这些软技能才是主要的学习对象。

尽管SEL近年越来越受关注（顺便提一下，本书的作者丹和塞库尔曾与CASEL这一顶级SEL组织合作），但这类方法在弥合教育系统中的软技能缺口方面仍有很长的路要走。但我们要知道的是，有研究表明，心怀意图地行动，感觉自己能够有效地践行这些意图，是拥有良好的学习成绩和高度可塑性的关键因素。

坚持健康饮食与意图训练

坚持健康饮食并不容易。在一定程度上，坚持健康饮食与意图之间的关系要比运动和学习成绩更为直接。不同于需要身体训练的运动或者需要特定知识的课程，对于我们这些有幸拥有充足资源的人来说，实际上几乎没有什么能阻碍我们将坚持健康饮食的意图付诸实践。即便如此，对于我们许多人来说，坚持健康饮食可能仍然是一项最具挑战性的意图训练。

对于几乎所有的人来说，即使只有有限的预算和资源，改善一天、一周甚至一个月的饮食习惯（剔除我们饮食中一些不健康的部分）也应该都是可行的。但是，有研究表明，从长远来看，这是一项艰巨的任务。在涵盖几十项不同研究的元分析中，曼（Mann）和同事发现，三分之一到三分之二的节食者在节食后体重反而增加了。[5]节食之所以如此艰难的一个原因是，尽管节食与意志力大有关联，但节食往往会让人感觉自身的意图受到限制，感觉并没有依照自己的意图行动。我们需要明白，“我不会去做”的意图可能和“我会去做”的意图一样难以实现（甚至更难！）。

为了了解其中的原因，研究人员于2015年进行了一项研究，旨在探寻人们（尤其是年轻的失业者）在尝试健康饮食时面临的障碍。[6]研究人员发现，类似于“报复性熬夜”，吃垃圾食品的一大驱动力在于，它带给人们拥有自主性的感觉，对于失业并可能感到陷入困境的人来说，这种感觉是令人向往的。在这种情况下，年轻人陷入了“恶性循环”，导致他们对健康饮食产生了抵触情绪，因为他们认为这是另一种让自己感到被支配的方式。

对此，我们能做些什么呢？幸运的是，自我效能感实际上是可以通过训练而建立的。

意大利的两位研究者，伊丽莎白·萨韦利（Elisabetta Savelli）和费德里卡·穆尔穆拉（Federica Murmura），对 Z 世代（20 世纪 90 年代中期至 21 世纪 10 年代出生的一代）坚持健康饮食的影响因素进行了研究。[7]他们发现自我效能感是成功坚持的重要影响因素。此外，他们还发现，这种自我效能感可以基于对健康食物的营养成分、烹饪方法和季节性等方面的充分了解建立起来。换句话说，我们可能无法仅凭空想就产生自我效能感，但我们可以付出努力来培养其先决条件，使其转化为一种长期的主观能动感。

这里的重点并不在于你可以通过了解并采用间歇性禁食、生酮饮食等不同饮食方式达到减重目标，而在于存在一些训练个人意图的方法，它们可以将你的所思所想转变为现实生活中持久且具有成效的表现。我们将在第 6 章详细讨论如何实践这些方法。

第 2 部分

意志力

第6章
意志之力，影响深远

另一种对世界的不同解读方式……一种能够认识到我们的现实在很大程度上是由社会构造而成的观点，实际上可能赋予我们更多的个人控制力。

——埃伦·兰格（Ellen Langer）

我们现代生活中的许多方面似乎都依赖意志力。在这个欲望过剩的世界中，众多诱惑和干扰让我们目眩神迷，我们似乎越来越依赖自我约束和克制诱惑的能力。然而，不幸的是，对于许多人来说，依赖意志力是一个异常艰难、费心劳力的过程，最终会因无法抵抗而屈服于诱惑。无论是漫长的工作日、无休止的电子设备干扰，还是日复一日的生活中的无尽要求，都在消耗我们的意志力。我们变得容易拖延，无力抵挡不良习惯的诱惑。

关于意志力斗争的故事对我们而言并不陌生。毕竟，大多数人都认为意志力是一种有限资源。为了避免我们的意志力被浪费在毫无意义的任务和决策上，我们必须竭尽全力去节约和保护它。这就是为什么许多“生活极客”鼓励我们通过每天穿同样的衣服或吃同样的食物来减少需要做的决策。大量自我提升类图书也因此建议读者把一天中最复杂、最艰难的决策任务放在早上优先处理——在我们的意志力还未被消耗殆尽之时解决。我们看待意志力就像看待智能手机的电量：电量总是有限的，而且当电量告急时，我们不一定能毫不费力地找到充电的机会。

以上这些内容看似无懈可击，至少我们一度认为它们是合情合理的。然而，现在一门全新的关于意志力的科学开始对我们过去深信不疑的这些内容提出质疑。它的出现无疑是好消息，因为这有助于提高我们更有目的性地行动的能力。

“意志力有限”之始

关于“意志力是有限资源”的理论，在 20 世纪 90 年代末得到了科学界的快速推进和深入验证。当时罗伊·鲍迈斯特和他的同事发表了如今堪称经典的论文《自我损耗：主动的自我是一种有限资源吗？》。[1] 根据该研究小组在 1998 年发表的这篇文章中的回答，答案是肯定的。他们的结论很快得到了后续研究的支持和证实。

在他们的自我损耗研究中，鲍迈斯特测试了学生在吃了热乎乎的巧克力饼干或冰冷的辣萝卜后会坚持多久来完成一项拼图任务。重要的是，这两组学生都能接触到这两种零食。不幸被选中吃辣萝卜的学生能闻到新鲜出炉的饼干的诱人香气，却必须抵制住这种美味的诱惑。鲍迈斯特发现，被允许吃饼干的学生完成拼图任务的平均时间为19分钟。他们没有耗费任何意志力去抵制来自饼干的诱惑，他们的意志力储备满满。那些必须抵制新鲜饼干诱惑的学生呢？他们平均只尝试了短短的8分钟就放弃了。

自此，自我损耗理论诞生了。几十年后，这一理论在全世界数百项研究中得到了反复验证。研究人员发现，自我损耗会导致一系列不良行为。事实证明，一旦意志力储备耗尽，我们就会呈现更差的状态。自我损耗会让我们帮助他人的意愿降低，[2]也会让我们更易产生冲动行为，如饮酒。[3]而且，自我损耗会影响我们日常的运动行为和习惯，对我们的运动表现造成负面影响。[4]研究人员甚至在犬类中也观察到了自我损耗现象，自控力的消耗会导致犬类做出攻击性行为。[5]自我损耗现象已经成为被引用次数最多的心理学现象之一[6]。

就本质而言，意志力的确有局限性，但它对我们生活方方面面产生的持久而关键的影响不容忽视。

我们的社会广泛接纳了这些有关自我损耗和意志力有限的研究，其实这些研究的结果同样适用于我们的日常生活。一代又一代人在达成每日自我控制的目标后都被默认赋予了道德上的放松权限。你是否度过了繁忙的一天，听了一场枯燥无味的报告，或者努力压制自己的情绪？你已经到达了自己的极限——你一天只能做那么多事情。因此当你没有努力再去做更多事或者无法再控制自己时，你完全可以原谅自己。

意志力叙事出现转向

然而，在2014年，迈阿密大学一位23岁的研究生，埃文·卡特（Evan Carter），发现了一些奇怪的事情。和之前许多人所做的一样，他尝试重现自我损耗理论的经典试验。他收集到的样本数堪称自我损耗研究历史上最多的之一。然而，让他吃惊的是，他未能重现之前的试验效果。

卡特较少接受采访，但他在一次采访中表示，他确信自己的试验操作有误。[7]但是，在与导师共同审阅了高达281项研究和试验，并利用当下最先进的分析技术进行分析后，他们发现“几乎没有证据”来支持自我损耗理论。

自我损耗理论如今首次受到严峻考验：大部分情况下，它并无来自硬性证据的支撑，即使有证据存在，其力度也相当不足。卡特和他的研究团队发现，这个曾被视为在全球有步骤严谨的重现效果的现象，可能更多的是发表偏倚的结果。这不足为奇，相较于未能实证自我损耗存在的试验，心理学家更愿意发表那些可以博人眼球的研究成果。然而，在纠正这种发表偏倚后，卡特和他的研究团队发现，自我损耗的效应不仅微乎其微，而且影响力也并不显著。

整个心理学领域遭遇了罕见的巨大转向。社会心理学被彻底颠覆。公正来说，我们认为鲍迈斯特可能确实触及了一些深具意义的东西，但他们的研究成果未能清晰地有所揭示。

随着现状的颠覆，有关其他意志力理论的研究大量涌现。研究者找到越来越多的证据来反对那种认为自我控制的力量有限且会逐渐损耗的观点。然而，依然有许多心理学家坚持认为，自我损耗是存在的。实际上，大量的研究文献佐证了在各种不同的情境下都存在着类似于自我损耗的现象。那么，究竟是怎么一回事呢？

随着争论的继续，以安尼尔班·穆科帕迪亚（Anirban Mukhopadhyay）、吉塔·乔哈尔（Gita Johar）和维罗尼卡·乔布（Veronika Job）等研究人员为首创建的新理论开始浮现。越来越多的研究表明，自我损耗并非一个“非此即彼”的概念，而是一个“因人而异”的“可变概念”。有些人认为他们的意志力有限，也有人持完全相反的观点——要么认为自己的意志力是无限的，要么认为可能根本就不存在所谓的意志力。这些研究人员惊讶地发现，自我损耗的确存在，但只在那些相信意志力的有限性的人中存在。没有这样信念的人并不会表现出同样的反应——他们的意志力储备不会像这样被耗尽。

在2010年一篇名为《自我损耗——这一切全在你的脑

海里吗?》的论文中，维罗妮卡·乔布及其斯坦福研究团队探讨了这些发现在现实生活中的实际影响和影响程度。[8]在纵向研究中，他们发现人们对意志力的信念不仅能用来预测自我损耗对他们自身的影响，也能用于预估他们生活的方方面面。相信意志力无限的人饮食更健康，拖延行为较少，并且有更积极的目标追求。

这是一个颇具开创性且令人振奋的发现。进一步的研究证实，无论是在试验中还是在现实生活中，那些不接受意志力有限这一观念的人，往往展现出更好的自我控制力。那些不相信意志力有限的学生往往能取得更好的成绩。[9]一个成员来自瑞士和德国的跨国研究团队甚至发现，那些不认为意志力有限（在5岁儿童的理解层面）的幼儿园孩子，他们的自我控制力要优于那些认为自己意志力有限的同龄孩子。[10]研究结果表明，我们的信念对我们的表现有实际的、可衡量的影响。正如亨利·福特（Henry Ford）所说："无论你认为你能还是你不能，你都是对的。"

我们给自己设限带来的影响比我们想象中的要深远得多。

疲劳的真相

截至目前，这一切听起来似乎是在说，我们在跨越障碍时唯一的阻碍因素是我们的心态。身体和精神的极限只是某些不靠谱的科学理论所产生的迷思。但这不是我们想解释的。

显然，人类的局限性是存在的事实。无论我们多么坚持不懈，总有一天会达到极限，因为我们受到物理定律、糖原储备、肌肉纤维最大张力等因素的约束。对于很多人来说，他们的体能、疾病和其他不可控因素也会造成限制。但关键在于，我们可能并不是评判这些真正局限所在的最佳人选。

2022 年，哈佛大学的研究人员［坎帕罗（Camparo）等］发表了一份研究报告，题为《疲劳的错觉：精神涣散的生理效应》。报告表示，虽然我们把疲劳看作生理状态的心理表征，但这实际上是一种错觉。疲劳并没有给我们提供准确的身体反应，反而更像一种保护机制，以防我们浪费能量。我们很少甚至从未触及自己真正的身体极限，因此我们把这种主观疲劳视为我们对整个生活的真实感受。只有那些已经触及真正的身体极限的人才能证实这一点。就如超级马拉松运动员和海豹突击队前队员大卫·戈金斯（David Goggins）所说："当你觉得自己已经到了极限，其实你的身体潜力只发挥了 40%。这只是我们主观上给自己设下的极限罢了。"[11] 加拿大皇家高地团（Royal Highland Regiment of Canada，亦称 Black Watch）的军人迈克对此有共鸣。尽管迈克的水平远不及海豹突击队队员，但他在部队生活中学到了这一点。他发现，在漫长的训练过程中，自己不愿意让战友失望，这种感情会驱使他挑战极限，迫使他的行动力远远超越大脑告诉他的极限。在这个过程中，他发现有时候大脑会捉弄他。这也是为什么跑步运动员往往是在比赛中创下个人最佳成绩，而不是在完美条件下独自进行的训练中。当身边有一群人与你并肩奔跑时，这种紧张和压力的刺激会让你突破自我认为的极限。

研究发现，我们对疲劳的认知并不是实际能量储备的真实反映，而更多的是我们内心的自我表达。如《疲劳的错觉》所示，我们的疲劳通常是基于任务预期、过去的经验和社会暗示的社会认知概念的。这种影响如此强烈，正如上述研究所发现的，在一项任务中，我们疲劳的"里程碑"会随着任务时长的变化而变化。换句话说，如果我们预期一项任务会非常艰难且历时较长，那么我们在付出超出预估精力之际便会感到疲劳。例如，如果你要驾驶两个小时，那么在一个小时（中间点）后你会感到疲劳，而这种疲劳的程度与在预计四个小时的车程中驾驶两个小时后感到的疲劳相当。

以上表述可能有些反直觉。但是如果我们回想人类的进化过程，便能认同其合理性。疲劳绝不仅仅是一个"供你参考"的简单信号。和痛感一样，它其实是一种进化出来的防护机制，可以避免我们面临不必要的风险，为我们可能真正需要能量的时刻有所储备。

意志力发挥作用的方式在某种程度上与疲劳相似，而不论出于何种原因，它具有一定的可变性——有人认为意志力是有限的，有人却不这样认为。无论如何，我们最重要的目的是想告诉大家：信念是可塑的。

意志力有限假象

虽然我们对意志力的信念会影响我们运用自控力的程度，但人们还是很容易对二者是否有因果关系有所怀疑。持怀疑态度的人可能会认为，在这些试验中表现出更多意志力的人只是高效能者——他们天生就拥有更强的意志力，因此，他们理所当然地相信自己拥有无穷无尽的意志力。或许，基于这种论点最后可能会得出如下结论：意志力理论与意志力的运用之间所有的相关性只是少数几个表现出色的高效能者造成的巧合。但研究显示，事实并非如此。

我们刚提到的那项疲劳研究还尝试改变人们对疲劳的感知。在试验中，研究人员引导参与者通过正念更好地感知自己的真实疲劳程度。一种名为“兰格正念法”的方法在应对疲劳的错觉上显得格外有效。这是哈佛大学心理学家埃伦·兰格（Ellen Langer）提出的概念，主张密切关注当下的新奇之处。[12]我们若将每个瞬间视为独特且重要的时刻，就可以减少社会认知因素对疲劳的错觉的影响。这一方法同样适用于意志力。

2012年，埃里克·米勒（Eric Miller）、维罗尼卡·乔布、卡罗尔·德韦克（Carol Dweck）等研究人员进行了一项极具吸引力的研究，他们将参与者随机划分为“意志力有限”组和“意志力无限”组。[13]他们设计了具有引导性的问卷，这会干扰参与者对意志力的想法，促使参与者得出以下两种结论中的一种：意志力是有限的；意志力是无限的。然后，研究人员要求参与者完成一项耗时 20 分钟的枯燥任务，即重复同样的动作超过 500 次。最终发现的结果十分惊人。虽然在任务的前半段两组的表现没有显著差异，但在任务的后半段，“意志力无限”组的动作准确性显著优于“意志力有限”组，犹如成员的意志力源源不断——被分入“意志力有限”组的参与者的动作准确性却没有任何提升。

此类研究表明，意志力和我们的信念相关，而我们的信念也能通过训练来释放更强的自控力。这并不是一项特别困难的训练。这需要你进行正念练习，觉察你内心的“意志力有限”这一想法产生的源头。“我不能继续下去了”这种念头出现时真的意味着你“不能”继续了吗？你在工作结束后真的累到无法强迫自己振作起来去健身，或你真的无法抑制购买饼干的冲动吗？尽管那些感受对你而言可能是真实存在的，但研究表明，它们在很大程度上是你内心的虚构。了解到这一点，我们就能采用兰格正念法等简单的正念法，基于关注当下的独特性和新奇性去挑战我们的极限。在此，我们需明确一点——我们并不鼓励过度工作，但当你决定休息时，应出于自身的意愿，而不仅仅是因为习惯性的放松。试着适度地挑战自己，但绝不要到达伤害自己的地步。

尽管我们对世界的感知似乎非常真实，但认知科学表明，大脑以一种注重实用性而非准确性的方式构建了我们对世界的理解。有时实用性、准确性的视角会重叠，有时则不会。这对我们有两方面的影响：一方面，我们对环境有极准确的认知——我们能驾驭环境、改造环境，使环境为我们所用；另一方面，我们容易受到各种认知偏见的影响，包括刚刚讨论的有关意志力和疲劳的错觉。这些偏见或许对我们有所助益，但在许多情况下，它们给我们施加了不必要的限制。虽然对我们的祖先来说，高热量食物想吃就能吃到的生活可能更好，追逐猛犸象一整天之后不会再想去跑10千米的长跑，但毕竟我们现在生活的世界已经大不相同了，为了在这个世界上生存和自我繁荣，我们最好摒弃那些偏见，释放我们真正的潜力。未来的我们很有可能会感激自己当时做出这样的选择。

第 7 章
无限意志，造就卓越

我不惧怕风暴，因为我正乘风破浪。

——路易莎·梅·奥尔科特（Louisa May Alcott）

我们的故事从一个你可能从未听说过的人物讲起：沃伦·哈丁（Warren Harding）。我们所说的并非美国第 29 任总统，不过如果是同一个人就太有趣了。这位沃伦·哈丁是有史以来最具影响力的攀岩者之一。在 20 世纪 50 年代至 70 年代，他给这项运动带来了彻底的变革，为攀岩赋予了全新的体验。他是第一位登顶埃尔卡皮坦岩壁的人，这块高达 3600 英尺[一]的花岗岩岩壁屹立于约塞米蒂国家公园。在他于 1958 年成功登顶时，大多数人还认为这是不可能完成的壮

[一] 1 英尺 =0.3048 米。

举：埃尔卡皮坦岩壁太高，花岗岩太滑，而且攀登会耗费太多时间。

在20世纪50年代，攀岩运动仍处于起步阶段。这项运动的极限尚未得到验证。与任何一项运动一样，当时被认为是世界级水平的攀岩成就，现在许多业余爱好者就能达成。但登顶埃尔卡皮坦岩壁却并非如此：60余年之后，登顶埃尔卡皮坦岩壁仍然被看作最困难的攀岩挑战之一。

当时，哈丁（因其可以在悬崖峭壁上悬挂的惊人能力被称为“蝙蝠人”）是一位寻求挑战的年轻人。他选择攀岩是因为在他看来：“这是我唯一擅长的事情。我接不住球，做不了其他那些需要灵巧技能的事，我只能做需要蛮力的蠢事。”[1]

无论是只拥有做蠢事的蛮力还是只是暂时放下对自我的怀疑，不随波逐流的态度都是行动的先决条件。毕竟，相较于当时的其他攀登对象，攀登埃尔卡皮坦岩壁要困难得多。在准备阶段，哈丁和他的攀登队伍有条不紊地完成每一个步骤。他们花了数月时间仔细研究岩壁，策划最佳路径。最终，他与另外两名攀岩者一起出发，尝试攀登。

这次攀登要耗费多日，并需要携带补给在岩壁上露宿，比所有人预期的都更为困难。几天后，其中一名攀岩者因极度疲惫决定返回，哈丁则拒绝屈服。他继续向上攀登，在狭窄的悬崖上露宿，几乎没有任何食物。那些观察他攀岩的支持者胆战心惊，地面上的救援人员甚至试图营救攀岩者，然而哈丁赶走了这些救援人员。

哈丁缓慢而坚定地向上攀登，最后到达一处峭壁，这是一个看似无法逾越的地方。显而易见的解决方法是到此为止，回去再训练，下个季节再来尝试。然而，哈丁坚持不懈，接连几天不断揣摩在这处峭壁面前要如何做出每一次微小的挪动。他的体力达到了极限，他开始怀疑要越过这处峭壁人力是否能及。然而，哈丁并没有放弃尝试。

在经过无数次的尝试之后，终于在1958年11月12日这一天，哈丁实现了不可能之事。他成功登顶了被认为“无法征服”的埃尔卡皮坦岩壁。当到达顶点时，他终于无法克制，喜不自胜地大声号叫。他用了45天完成了登顶！

虽然许多爱好者都曾攀登过埃尔卡皮坦岩壁，这里也可能是世界最佳的攀岩体验地，但登顶埃尔卡皮坦岩壁仍然被视为最难挑战、最考验体力的壮举之一。在过去的一个世纪里，攀登埃尔卡皮坦岩壁已经夺走了20多人的生命。埃尔卡皮坦岩壁复杂且让人生畏的形貌使其成为人类成就的象征——对攀岩界乃至更广泛的领域都是如此。然而，哈丁本人并不这么看。他后来回忆道：“回过头来看，我并不认为我的攀登是什么伟大的艺术作品，我更像是一只困在马桶里的虫子，挣扎着、抓挠着、向上爬。”

> 当被问及实现艰巨目标的最大障碍是什么时，最常见的答案是意志力不足。

探索真实极限

如第6章所述，高效能者通常有一个共同的特性：他们并不将意志力视为有限资源。实际上，他们也许根本不把意志力当回事。无论是哪种看法，这种态度使他们在他人可能放弃时能坚持下去。这并非因为他们突破了某种内在限制，而是因为他们过于专注于任务，以至于一开始就没有注意到自我设限。

这并不是说不存在身体极限。从哈丁具有历史意义的攀岩中我们可以看出，攀岩确实能将人们推向真正的身体极限——握力、耐力、手指肌腱的承受力等。然而，突破身体极限需要我们超越大多数人自我设定的心理极限，打破心中对自我潜力的固有认知。

在本章中，我们以攀岩为例是因为它与其他极限运动一样，仿佛有种神奇的魔力，能让人抛开所有关于意志力的概念。与重力的持续对抗，再加上实实在在的危险，这意味着你若想取得进步就必须打破对自我能力的既有认知。攀岩者通常会产生一种“全力以赴”的状态，这是一种难以捉摸的概念，意味着人们挑战自己的舒适极限，直至触及真正的极限。

正如埃里克·霍斯特（Eric Horst）在他的书《极限攀岩》（*Maximum Climbing*）中的精彩阐述：

> 通过定期的心理锻炼，你将逐渐探索到更高层次的意识状态。在这种状态下，你在极致专注的状态中攀爬，从对结

果的关注中超脱，并且持有无坚不摧的自信和意志力。这种珍贵的状态将带来超凡的体验，并让你显露能成就一番事业的真实潜力。仿佛空手挥剑，你的精神会引领你的身体攀登新的高峰。这种深刻的体验，即思想与行动融为一体，形成了强大并超凡的统一，正是极限攀岩的核心所在。[2]

“真正的极限”这个概念并非顶尖运动员独有。即使是业余攀岩者，若能朝向“全力以赴”努力，也能取得进步。尽管由于体质、经验以及年龄的差异，个体的体能表现会有显著差异，但“全力以赴”的精神收获却殊无二致：将全部的精力投入当前的任务中。

意志力造就卓越

高效能表现并非仅限于在有观众加油鼓舞的竞技场上实现。我们可以在日常生活中践行高效能，无论是学习驾驶还是鼓励自己读更多的书。我们也许会在有陪伴和支持的情况下表现出高效能，也许会在人生道路上独自前行的时刻施展非凡。并非每个人都能有幸获得积极榜样的引导或者得到亲人的支持。

对一些人来说，高效能意味着花费时间和精力攀登一座山，让全世界看见；对另外一些人来说，高效能可能意味着挖穿一座山，作为对深切哀痛的最极致表达。

达什拉斯·曼吉（Dashrath Manjhi）是一名贫穷的劳工，来自印度东部的比哈尔邦，该邦地处边境，毗邻尼泊尔。在 20 世纪 50 年代末，他怀孕的妻子不幸从他们居住地的一座山上摔下，受伤非常严重。尽管他尽全力以最快速度翻越山峰，将她送至山那边最近的医院，但她没能活下来，在到达医院时被宣布死亡。

曼吉深感绝望，但他并没有选择沉溺于悲伤中。相反，他决心要采取行动，防止类似的悲剧再次发生。他明白，是前往医院的漫长且曲折的道路造成了他妻子的不幸。他居住的村庄位于高山地区，曲折蜿蜒的道路绕山而建。凭着一把锤子和一把凿子，他在村庄和医院之间的大山上开始了艰巨的挖掘工作。年复一年，他逐渐在山中开辟出一条可供汽车通过的道路。他的每一次努力，都在山体上留下深深的烙印，一点点在这座难以逾越的山中变出一条通向希望的道路。

他花了 22 年去铺设道路，整整 22 个春秋！起初，他的伟大举动并未得到支持，反而遭到村里人的冷嘲热讽。他后来坦言，那些讥讽反而让他坚定了决心。[3] 当他终于完成这项壮举时，他将前往医院的距离从原来的 35 英里缩短到了 10 英里。他所修建的道路至今仍在使用，长 360 英尺，宽 30 英尺。

这个故事告诉我们的是，高效能者并非天赋异禀、天生能力上限就超越他人——相反，它关乎如何挑战自我，超越自我设定的极限，无论是哪些方面的极限；达成对你而言重要的成就，不论是何种成就。如果我们因为没有赢得 NBA

冠军或开创价值十亿美元的商业帝国而产生自我否定，就误解了高效能的本质定义。更糟糕的是，这会导致我们误解生活的真正挑战。

沃伦·哈丁那段关于困在马桶里的虫子的表述，以及被尊称为“山之子”的达什拉斯·曼吉的举动对我们理解意志力有何启示呢？也许，意志力并不关乎结果，而关乎我们如何建立与自我的关系。

不息为体，日新为道

也有研究对意志力反映自我认知这一观点进行了有力支持。斯坦福大学的心理学家埃兰·马根（Eran Magen）和詹姆斯·格罗斯（James Gross）主导了一项研究，研究要求参与者尽可能长时间地握紧一只握力计。[4] 其中一半人被告知这是一次对意志力的测试，而另一半没有得到任何说明。结果表明，将任务理解为意志力测试的那一组握紧握力计的时间比对照组多出超过 50%。换言之，当这项测试被定义为对个人特质的挑战时，人们的表现更好，更有决心。

接下来，研究者想观察，当要求参与者集中精力于意志力时，表现不佳的那一组是否会有所改善。结果是肯定的。这并不是因为某些参与者的握力比其他人好。只要挑战自我，发掘内在的意志力，任何参与者都能够显著提升自己的表现。

马根和格罗斯的观察并不仅限于体力方面。在测试的最后阶段，参与者需要观看有趣的视频，同时执行一项需要集中注意力的任务。对那些被告知这是一场意志力测试而非普通测试的人来说，他们对手头的任务更为专注。我们与格罗斯博士有过一次交谈，他告诉我们，他认为这项研究得出的核心观点是：如果我们重视意志力，并认为在某个特定场景下展示意志力极为重要，那么我们的意志力就可能得到增强。[5] 格罗斯博士还向我们透露，鉴于自己的研究发现和理解，在孩子们还小的时候，他常常给他们读爱比克泰德（Epictetus）的《手册》（*Enchiridion*）。这是一本薄薄的册子，编写于 2 世纪，主要内容是讲如何生活。他通过这本册子向孩子们灌输一个基本观念：我们的大多数限制是我们自己施加的。[6]

换言之，在许多情况下，对于那些看似难以逾越的极限，可以通过加深对情境的理解与认识获得突破。我们并不认为意志力是一种只有在你思考时才能唤醒的特殊资源，相反，我们坚信我们天生就会对自己施加无意识的限制，而只要我们揭示那些极限的本质，就能意识到它们其实并非真实存在。这是一个重要观点，我们稍后会反复提及。

定义自我极限

虽然我们现在对“意志力无限”的强大影响力已经有所了解，但还是很容易重蹈覆辙，陷入我们自己设定的旧有限制中。

> 设想两种情境：在情境一中，意志力有限；在情境二中，意志力无限。在情境一中，你的意图和实现目标的能力受制于你拥有的意志力的多少。而在情境二中，唯一阻碍你实现目标的只有外在环境因素。现在，尝试把这种差异代入你自己的生活之中。想象一下，如果你一年都生活在无意志力限制的状态下，你能实现些什么目标？如果你余生都这样生活，又会怎样呢？

作者迈克尔·辛格（Michael Singer）在其播客节目中提供了一个很好的例子。假设你是个有重度烟瘾的吸烟者，曾多次尝试戒烟，但均以失败告终。你觉得自己没有那份意志力去彻底戒烟——靠意志力去抵抗再抽一支烟的诱惑异常困难，甚至可以说毫无可能。

然而，想象一下：你清楚地知道面前的那支烟含有致命的砒霜。一旦吸一口，你将瞬间投身于痛苦的死亡怀抱。在这种情况下，克制吸烟的冲动会变得异常容易。我们几乎所有人都能抵制住这样的“砒霜香烟”。这意味着，你的意志力实际上比你想象中的更加强大，能应对更大的挑战。

请别误解，我们并不是说这件事容易办到，也不是说需要你一天 24 小时一刻不停地拼命。实际上，坐在沙发上享受观看一部无须动脑的新剧毫无过错。问题在于，我们能否做出有意图的选择，还是我们只能被动地遵循“默认模式”？面对其他更重要的目标时，我们能否抵制那些暂时的诱惑？看上一季的《比弗利娇妻》有错吗？当然没有。不过你明天要交的作业还没开始做，你现在却在看电视，这样做可能不太好吧？

幸运的是，你能做出选择。更令人欣慰的是，你具备做出最优选择所需的坚定意志。你需要做的就是深信（或确信）你有这个能力。

和其他任何心理技能一样，我们也可以训练自我控制力。一项关于自控力的研究表明，那些接受冥想训练超过19 000小时的人，其大脑中与自我控制相关的区域（如背外侧前额叶皮层）较为活跃[7]；而没有进行冥想训练的人，其大脑中与诱惑相关的区域（如腹内侧前额叶皮层和前扣带皮层）较为活跃。

在该研究中，第三组参与者是近期开始冥想练习的人。这些人大脑中与自我控制相关的区域的活跃水平为中等，这证明了随着时间的推移，人们会从冥想中获得越来越多的益处。这表明我们完全有能力通过训练来提高自我控制力。

因此，尽管像自我控制这样的行为技能看似难以践行，但我们并非只能选择放任自己。唯一需要的就是有坚定的决心并坚持下去，换言之，就是需要有意志力。然而，在有所行动之前，我们需要认识到，我们完全可以培养相关的行为技能。

此外，我们还需要认识自我控制的另一个层面。探索我们的潜能和突破自我限制的好处，不仅仅局限于攀登高峰、抵制香烟的诱惑或者高质量完成作业。当突破自我设定的限制时，我们将获得一种有益的认知，那就是我们完全有能力突破自我设定的极限。我们都有能力战胜自我设定的极限——这样做的感觉无比美妙！

好消息是，我们的意志力比我们想象中的还要强大。但坏消息呢？这就意味着责任完全落在了我们自己的肩头。担起这份责任，是我们开始心怀意图地生活的第一步，这无比重要。在给定的环境中（诚然，对于某些人来说，这可能意味着束手束脚、困难重重），相较于周遭的一切，唯一的责任人毕竟还是我们自己。只有越早地接受这个现实，我们才能越早地开始有目标、有意图的生活。再者，作为一种鼓励，我们应当明白那些最初的“胜利”可能是最艰难的。一旦有了战胜自我的经验，我们就会更容易地认识到，我们面前的巨大阻碍实际上很大程度上是我们自身心理上的障碍。

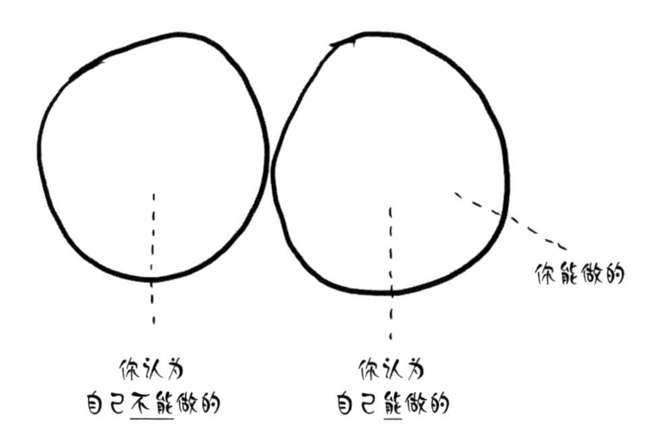

第 8 章
意志力的生理学解析

探寻极限可能性唯一的路径，就是超越极限，勇闯看似不可能的领域。

——亚瑟 · C. 克拉克（Arthur C. Clarke）

现在是一个漫长的工作日的尾声。无休止的会议接踵而至，午餐仍未露面，这一切使本已繁忙的一天格外沉重。在享受了一夜安眠之后，你今天早晨的精神状态本来非常好，整装待发，准备好应对一切挑战，然而每一场会议都让你感受到自控力在一点一点地衰退。你原本计划在回家的路上去健身房，但那个计划现在感觉越来越难以实现。毕竟，你又累又饿，你可能无法再激发自控力去完成锻炼。既然如此，又何必强求呢?

众所周知，我们的一些基本生理状况，诸如饥饿或者睡眠不足，可能会削弱我们的意志力。但正如我们在其他关于意志力的迷思中看到的，所谓的常识并不总是准确的。尽管生理状况的确会影响我们的行为，但最新的研究揭示，对于生理因素与意志力之间的关联，思维方式扮演的角色有可能远超我们的预期。在这一章中，我们将深入探讨那些被看作影响我们行为的生理因素，从而了解这些因素的真正面貌。正如我们刚才提到的，我们的信念对我们的成就有着决定性的影响。

如前所述，近年关于意志力的传统观点遭遇了严厉的质疑。科学界一度普遍认为，意志力是一种有限资源，会逐步损耗。然而，新的研究发现，当我们选择不再将意志力视为有限资源时，这种损耗现象便会减弱。我们曾认为是身体生理特征的要素，可能在一定程度上是一种社会文化建构——我们被教导去相信的一些内容对我们施加了不必要的限制。

饥饿影响自控力吗

让我们简要回顾一下 10 年级生物课的内容。你可能会记得，我们的大脑是依赖葡萄糖提供能量的，这种糖类源于富含碳水化合物的食物，如水果和面包。我们依赖葡萄糖维持生理功能——葡萄糖值（血糖值）可以影响我们的情绪、记忆、学习能力等。长久以来，葡萄糖值是评估我们饥饿感的有效指标，并且常被认为与我们自控力的变化相关。尽管许多人认为意志力依赖于葡萄糖值，但研究表明并非如此。葡萄糖在维持我们其他生理功能方面是必需品，但并不是运用意志力的必需品。

2002年发表在《营养研究评论》（*Nutrition Research Reviews*）上的一项研究梳理了关于葡萄糖与认知功能之间的联系的多方观点。有关这两者的大部分研究均以一个假设为基础，即由于葡萄糖为我们的大脑提供能量，我们血液中的葡萄糖值会影响大脑中的葡萄糖值，进而对我们的神经功能产生影响。然而，研究人员提醒我们，"这个假设的力量在于其看似符合常识，但并无实际的科学证据支持"。[1]

多项研究已经论证了葡萄糖与意志力之间的联系。然而，也有一些研究显示，当我们付出努力（比如努力记住事物或是应对压力等），大脑并不会额外消耗葡萄糖。[2,3,4] 因此出现了看似矛盾的现象：一方面，葡萄糖能让我们自我控制；另一方面，它并未真正作用于自我控制的过程。这种现象怎么解释呢？

答案可能在于信念的力量——不是那种虚无缥缈的概念，而是能改变我们大脑对现实感知的真实信念。我们之所以相信葡萄糖的积极效果，是因为葡萄糖对我们有所帮助。在一项由维也纳大学激励心理学家维罗尼卡·乔布博士主导的研究中，参与者进行了一项自控力测试：斯特鲁普任务。[5] 这是一个广泛应用于心理学的测试，参与者需要快速阅读一系列颜色名称，颜色名称与字体颜色不同，参与者的任务是说出字体颜色而非颜色名称。在某些情况下，这很简单，比如颜色名称是“绿色”，字体颜色也是绿色，说出“绿色”即可。但当颜色名称与字体颜色不同时，这就变得有难度了（例如，当看到用橙色写的“绿色”时，需要说出“橙色”而非“绿色”）。在这项测试加快速度后，难度将更大。如果不相信，你可以自行查证。斯特鲁普任务的难度使其成为自控力测试的理想工具。

研究人员想要探究葡萄糖是否会对参与者在斯特鲁普任务中的表现产生影响。他们让一半的参与者服用葡萄糖，让另一半的参与者服用人工甜味剂，并确保这些参与者不知道自己所在的组别。正如之前的研究所述，他们发现葡萄糖显著提升了自控力，人工甜味剂则没有这种效果。那么，这是否证明了葡萄糖与自我控制之间存在深层的生理联系呢？

诡异的是，并无这样的联系。当研究人员观察参与者的意志力表现时，他们发现葡萄糖的效果只在认为意志力有限的人群中呈现。换言之，那些认为意志力无限的人未受葡萄糖的影响——无论他们是否服用了葡萄糖，表现均相当出色。对于电影《黑客帝国》的粉丝而言，这就如同电影中那把不存在的勺子——效果全在他们的意识中。

请记住，没有人能够知道他们得到的到底是葡萄糖还是人工甜味剂。参与者确定自身剩余自控力多少的依据是一些生理信号——基于身体内部对葡萄糖值测量的信号。然而，根据参与者自身的不同信念，这些生理信号会产生不同的效果。

研究人员解释，他们的研究揭示了“一个表面上简单的生理过程——葡萄糖摄入对自我控制的效用，实际上取决于关于意志力本质的文化信念”。[6]我们的思维方式可以对我们的生理过程产生显著影响，我们对意志力的信念正是这样产生影响的。我们应再仔细读一次这篇文章，因为这是一个值得我们高度关注的问题，而且他们所得出的结论绝非“独木难支”。

在对斯特鲁普任务的后续跟踪研究中，研究人员引导参与者树立或有限或无限的意志力信念。先前被认为是纯粹生理反应的葡萄糖效应，此时能够由研究人员随意调整和操控，这取决于他们向参与者透露的信息。他们所要做的只是让参与者坚信自己拥有无尽的自控力，最终他们看到了成效。

当然了，这并不代表葡萄糖对人体机能无关紧要。事实上，如果没有葡萄糖，我们将无法生存。这只是表明，尽管我们的记忆力和学习能力等脑力表现可能需要葡萄糖提供能量，但是我们的意志力能量并非源于葡萄糖。这类研究启示我们重新思考，在经历了长时间会议并因错过了午餐而精疲力竭的一天的尾声，我们应该给自己构建怎样的叙事。同时，这类研究也提出了问题：到底什么是我们日常讲述的“意志力”？它是否真实存在？（请注意：在我们探索答案的过程中，你既有的观点可能会遭遇挑战。）

反思工作困倦

我们都有过在工作中因为缺乏睡眠而难熬的日子。无论是因为你熬夜学习，还是照顾生病的孩子，抑或是疯狂享受了周四夜晚的城市生活，第二天你只能拖着疲惫不堪的身体从床上挣扎着爬起来。然后，你在早晨的咖啡中加入额外的浓缩咖啡，以便熬过这一天。

睡眠不足要比食物短缺难解决。毕竟，在工作日的中午抓点零食要比打个盹容易得多。因此，睡眠不足的问题在关于提高工作效率的讨论中被赋予了更大的重要性。一整晚睡眠不足可能会导致第二天整日的工作毫无进展。事实上，我们许多人都面临睡眠不足的问题：美国疾病控制与预防中心的统计数据显示，超过三分之一的成年人经常无法获得充足的睡眠。[7]

经历了一夜糟糕的睡眠后，工作效率较低是正常的。事实上，据估计，仅在美国，每年睡眠不足导致的经济损失超过 4110 亿美元。[8] 然而，新的研究正在挑战这一观点——我们的糟糕表现在多大程度上是由于缺乏睡眠，又在多大程度上是受到了我们信念的影响？

> 超过 60% 的人认为自身的意志力受到了睡眠状况的影响。

都柏林圣三一大学教授、组织行为学家弗拉迪斯拉夫·里夫金（Wladislaw Rivkin）教授发现，我们的睡意也会受到自身意志力信念的影响。[9]通过两项涉及200名参与者的研究，里夫金教授和他的团队发现，我们的睡眠时长会在三个方面影响我们的工作：我们的自控力、我们的情绪，以及我们的工作动力。

他们发现，意志力信念可以作用于这些方面。这类似于乔布对葡萄糖与自我控制的联系的发现。那些认为意志力无限的人，他们的睡眠状况和工作效率之间的相关性明显较低。即使睡眠不足，这对他们日常生活的影响也远小于那些认为自己会受影响的人。对于那些认为糟糕的睡眠会对他们的一天产生负面影响的人来说，实际情况确实如此，且影响程度更深。换言之，无论参与者如何看待睡眠不足对他们的影响，都会"求仁得仁"，面对确实如此的结果。

这里的重点并不是否认睡眠的重要性。我们并非全能的存在，不可能仅凭着意志力，只睡三四个小时也能让自己的身体正常运转。研究已经证明，糟糕的睡眠习惯与各种健康问题都有关联，如心脏病、肾病、高血压、糖尿病、中风、肥胖及抑郁症等。在与里夫金教授交谈时，他表示这类极端的解读是团队在分享研究发现时面临的最大挑战。[10]很多人都会对"意志力无限信念能替代我们对睡眠的需求"这一发现持有（合理的）怀疑态度。

"在我看来，重要的是，"他解释道，"不要误解我们的结果，以为意志力无限可以弥补睡眠的不足。"反之，他们的研究结果表明，那些认为自己意志力会损耗的人，在经历了一个糟糕的夜晚之后，会更加专注于他们缺乏的能量。这些人相信“因为精力严重不足而无法达到正常效率”，因此相应地，他们保存了精力，以节省宝贵的有限的意志力。“我们并不是说如果你相信意志力无限论就可以忽视睡眠。事实上，它使你在应对睡眠不足的问题时更有韧性，因为它让你不会刻意节省精力。”还记得第 6 章中大卫·戈金斯的那句话吗？“当你觉得自己已经到了极限，其实你的身体潜力只发挥了 40%。这只是我们主观上给自己设下的极限罢了。”[11] 如果改变对自己极限的认知，你就能挖掘那隐藏着的额外的 60% 潜力。当然，我们无须将潜力全部激发，即使只能挖掘出隐藏着的一小部分，我们也会收获显著的成果。

信念差异对意志力极限的影响尤为显著，尤其在比较不同国家之间的文化差异时。里夫金教授对东西方文化中睡眠观念的差异兴趣浓厚。如果你对比一下加拿大和日本大学生的睡眠习惯，会发现日本大学生的睡眠时间明显少于加拿大大学生。[12] 然而，尽管加拿大大学生的睡眠时间更长，但他们却经常自诉疲惫不堪，健康状况甚至不如日本大学生。“在东方文化中，人们可能并不将缺乏睡眠视为问题，”里夫金教授解释说，“相比之下，西方国家的人普遍认同意志力有限论，而东方国家的人更赞同意志力无限论。”换言之，这种现象并不神奇，仅仅是我们思维固有影响力的充分体现。

意志力真实存在吗

让我们重新审视我们之前提出的问题——到底什么是我们日常讲述的“意志力”？它是否真实存在？在对布朗大学正念中心的主任、《纽约时报》畅销书作者贾德森·布鲁尔（Judson Brewer）博士的访谈中，我们提出了这个问题。他的著作包括《拆解焦虑》（*Unwinding Anxiety*）和《欲望的博弈》（*The Craving Mind*）等。[13] 布鲁尔是过度饮食和吸烟等成瘾问题研究领域的领军专家。他既是研究者又是临床医生，这使他有机会创立理论，把这些理论应用在真实的患者身上进行检验，并且取得了十分显著的成效。这种得天独厚的优势让布鲁尔具备从理论与实践两个角度深入理解意志力等概念的独特视角。在我们的深入讨论中，布鲁尔说，基于最近的证据，自我损耗的存在，甚至意志力本身的存在，实际上都很难进行合理的证明。

一些针对自我损耗的元分析表明，大量的发表偏倚可能导致了高估效果，而实际效果可能为零。实际上，我并未发现任何从神经科学视角支持意志力概念的文献。我并不相信意志力有神经科学基础。[14]

让我们来做进一步分析：尽管意志力可能是一种反思人类经验的有效因素，但这并不意味着它一定基于实实在在的神经机制。事实上，正如布鲁尔所指出的，我们的神经系统似乎没有像我们身体监测葡萄糖值或水分率那样可以追踪还剩下多少自控力的计数器。固然，对于我们中的许多人来说，这样一种计数器在主观层面上是存在的，但实际上这种计数器并不是由我们身体机能内置的。这更有力地强化了这一观点：意志力信念是我们个人的选择，而非由某种身体机能决定。

洞察自我

这引出了一个问题：如果意志力并非我们身体机能的基本组成部分，而只是人类的一项发明，那么我们为何要发明它呢？像布鲁尔这样的一些研究者认为，意志力很可能只是一种心理策略工具，或者说是一种思维捷径。

我是这样假设的：人们会借助一种名为“意志力”的策略工具来解释自己为何做某事或不做某事。当你深入剖析其本质时会发现，其背后的推动力实际上是一系列经过精心构建的神经科学理论，这些理论源于对强化学习的研究，并已存在了四十余年。[15]

换言之，意志力可能只是我们过度活跃的想象力的产物——试图从我们与众多其他动物共享的基本奖赏系统中构建一个连贯的故事。本质上，我们认为自身行为受到意志力这样的固定因素的驱动，因为这样能使我们的生活显得更连贯，让我们更容易理解为什么做（或不做）某些事情。这种认知的强大之处在于，它使我们能够思考和使用意志力来实现自己的目的，而非受制于源于洞穴时代的遗留观念。

维罗尼卡·乔布提出的另一种解释是，意志力信念可以让我们对内心的暗示更加敏感。对于提高我们的生存概率，这些内心的暗示可以帮助我们保存能量——对于想要生存下来的我们来说，这绝对是一个明智的选择。

让我们用一个例子来说明这一假设是否成立：假设爱意是一种有限资源。你在一生中可以体验到的爱意是有上限的。你或许并不清楚究竟是什么在消耗你的爱意储备，但你会逐渐形成一些理论。可能你认为你经历的多段恋情在消磨你的爱意，或者是你被别人伤害的次数影响了爱意储备。你不仅会建立这种关联，还会开始特别留意关联。你或许会回避新恋情，甚至想要先伤害别人以防自己被伤害。然而，讽刺的是，这很可能变成"自证预言"——由于你相信你的爱意是有限的，你可能最终严重限制了你可以感受到的爱意。当然，这样做能节省你的精力（甚至可能避免心碎），但这并不意味着抱有这种信念是明智的选择。

现在，我们来看看我们对于意志力的理解。那些认为意志力有限的人会习惯性地估计他们自己还剩下多少意志力。他们深深地相信生理因素（有关食物、睡眠等）的作用，从而会对这些因素格外敏感。让人们对这些因素更敏感或过高估计（如第7章中所阐述的关于疲劳的研究），有助于保存能量（可能是为了逃离捕食者或防止饿死）。

他们在睡眠不足的情况下不会强迫自己继续工作，而是会关注自己睡眠不足的问题。比如，自己到底有多累？为了最佳利用有限的意志力，可以舍弃哪些活动？如何最有效地分配自己一天的精力呢？这些想法对你来说并不陌生吧？因为这就是你应对睡眠不足的方式。

虽然这种对这些心理暗示的执念可能帮助我们的祖先生存了下来，但在今天的世界中，这种执念会适得其反。如果在一天繁重的工作后感到饥饿和疲倦，你可能会认为自己没有足够的意志力回家翻阅这本书。更可能的情况是，你选择懒散地躺在沙发上，回避这次对意志力的锻炼。这其实在无形之中让你背离了自己多读书的初衷。在享受安逸舒适的过程中，你无形中进一步印证并强化了你的“意志力是有限的”这一观念。

我们无须再以身体的感受作为评判自身能力边界的准绳，而应开始积极地挑战自我。当下一次你感到葡萄糖值偏低或者睡眠不足时，试着告诉自己这些因素无法影响你的表现。你可能会惊喜地发现，你的身体能够适应并应对这些情况。

其实，你现在就可以尝试这个方法——将疲劳度划分为 1 ～ 10 级，自我评估一下，你属于什么等级？然后，花费几分钟时间来说服自己——告诉自己，你并不疲劳，并回顾前面的研究，理解其内涵。设想自己身处一个睡眠观念完全不同的文化中，那你现在的疲劳度是多少级呢？如果你努力使自己相信所有的这一切（或者至少是部分相信）只不过是心理因素的作用，你可能会发现自己的感受有了显著的改变。这就是意志力无限信念的力量。

我们可以从这些研究中获取的关键启示是，我们对自身表现和意志力的信念可能会限制我们的生活方式。一旦打破这些信念，我们就可以彻底改变我们的生活方式。

第9章
训练意志力

相信自己可以，你就已经成功了一半。

——西奥多·罗斯福（Theodore Roosevelt）

相信意志力无限的人通常不会受到那些视意志力为稀缺资源的人所受到的相同约束。因此，接下来意义非凡的一步在于训练这种观念：将意志力看作无限资源。通过这种思维方式训练，我们可以突破自我极限，取得超出自我预期的更高成就。

探索新奇，激发能量

要开始这个训练过程，我们要先回顾关于疲劳的研究。你可能还记得，坎帕罗及其同事进行了研究正念与疲劳的错觉之间联系的试验。他们想要了解正念练习能否影响参与者对自身疲劳的感知。[1]

为了评估正念的作用，团队采用了兰格正念法。正如第6章所提到的，兰格正念法强调积极地活在当下，并觉察到新事件，而不是依赖既有的知识框架。[2]兰格正念法的核心在于通过观察我们周围环境中的变化或不同之处来关注新奇之处，让我们能够对当下的事情保持清醒的觉知。在参与兰格正念法试验的过程中，参与者发现他们对自身疲劳的感知发生了变化。兰格正念法的理念实际上“赋予了个体在时间、程度以及疲劳体验上的控制权”。[3]为了准确理解其背后的原因，未来还需要进一步研究，但研究人员提出了一种观点，认为这与我们如何感知或解释自己的行为有关。

兰格主张，行为与意志力的关联体现在“另一种不同的世界观……这种世界观认识到我们的现实在很大程度上是由社会构建的，从而可能实际上增强了个人的控制力”。[4]当意识到有限的意志力是社会构建的现实时，通过练习兰格正念法而形成的“另一种世界观”能够让人们拥有更强的控制力。让我们来探讨一下这种方法如何发挥作用。

兰格正念法的核心在于于某种情境中制造新鲜感。比如，你在练习兰格正念法的时候，在每周都会踏上的通往杂货店的小道上，可能会留意日常生活中细微的变化。你可能会留意到不同种类的鸟，观察这些鸟随季节变迁而变化的数量和行为模式。或者，你可能会观察树木的变化、路上司机与骑车人的不同行为，抑或是云朵和天空色彩的变幻。运用兰格正念法，每次去杂货店的经历都独一无二，充满了探索和发现的乐趣！正如德国精神病学家弗里茨·皮尔斯（Fritz Perls）所说："如果你觉得无聊，那是因为你注意力缺失。"迈克经常引用这句话来教育他的孩子们，让他们学会在平凡中发现不凡，他们真的从中获得了很多乐趣和启发。

但是为什么这种方法能有效克服或避免疲劳呢？坎帕罗认为，寻求新鲜感可以帮助参与者控制他们对挑战性任务的看法。当任务带来新鲜感时，它同时也减轻了人们的疲劳感。对于那些容易被新任务激发兴趣的人来说，这似乎很直观。然而更引人注目的是，这种能力实际上可以作为一项技能，通过训练来培养。研究表明，精通这类正念练习法甚至可以帮助我们恢复能量。

兰格正念法始于确认你的初始状态。你通常有多专注于正念呢？我们每个人的优势各不相同，有些人天生就更加专注。我们已经开发了一些工具来帮助确认你在正念频谱中的位置，下面这份简短的问卷就是受到多种兰格正念法量表的启发而制作的。

对于每项描述，请按照 1 到 7 为自己评分，其中 1 代表"非常不同意"，7 代表"非常同意"：

- 我总是乐于尝试新的做事方法。
- 我能产生新颖的想法。
- 我对一切都持开放态度，即使是那些挑战我核心信念的事物。

- 我总是注意别人在做什么。
- 我总是对新的事态发展保持警惕。
- 我喜欢探索事物的运作原理。
- 我积极寻求学习新事物。
- 我的创造力非常强。
- 我容易产生新颖且有效的想法。
- 我注重事物的“大局”。

将你的分数加起来，得出一个介于10（含）到70（含）之间的分数。分数越高，说明你与兰格理论中的正念观念的契合度越高。然而，无论你的分数属于哪个范围，你都可以通过练习获得更强的正念，在日常生活中更加专注于当下。就像大多数技能一样，关键在于练习。

现在请立刻尝试。先感受一下你目前的基础能量水平。接下来，请环顾周围几分钟。你的视野中出现了什么新事物？有什么是你之前未曾真正注意到的？与你上次来此地相比，有什么变化？与之前相比，你自己又有何不同？请花一些时间全面观察你周围的环境，尽可能地察觉最近发生的所有变化。现在把注意力放回自己——你现在的能量水平如何？在进行这项练习时，你的感受如何？关于自己，你有什么新的发现？

除了对意志力感知的影响，增强正念带来的好处数不胜数。举例来说，正念（包括兰格提出的正念和其他形式的正念）已被证实能够提高认知能力、[5]增强软技能（如创造力、沟通力、协作力和批判性思维），[6]还能够缓解慢性疼痛、抑郁、焦虑和成瘾。[7]你觉得，为什么在为太空飞行做准备时，宇航员会被教导使用兰格正念法呢？[8]即使在狭小的宇宙飞船内，我们也总是能发现新奇或不断变化的事物。

近期的研究进一步证实了正念与意志力的联系。2016年，帕格尼尼（Pagnini）、伯科维茨（Bercovitz）和兰格发现，老套死板和控制缺失感源于同一个根本因素。[9]所谓老套死板，是指对之前学习的范式和概念（社会科学家称之为"类别"）过度依赖（谁曾经感受过无聊和消沉？）。而正念的重点是关注新事物，增强对环境变化的灵活应对能力。审视了多项关于该主题的研究后，他们认为老套死板和控制感缺失来自同一根源：假设世界是固定且不可变的。我们发现，当人们认为事物无法改变时，他们会觉得自己没有控制权，因而也失去了自主性——这个理由很吸引人。只需等到睡觉时间，我们就可以通过拒绝睡觉来重新夺回那份自主性！那些糟糕的垃圾食品在哪里呢？

我们可以通过逐步改变自己的态度，去寻求并期待新奇事物，从而训练自己对控制感的感知。我们可以从新的角度看待问题，或者故意采用轻松幽默的态度来影响我们的感知，从而增加我们的控制感。这就够了。想要改变我们对意志力的理解，秘诀在于逐步改善我们的态度，别那么死板。为了确保我们能完全掌握这一点，让我们看看如何将改变态度应用于实践之中。

细微的开始

在训练你的思维以不同的方式看待意志力时，不宜从最艰难的任务着手——正如你不应该在新年下定决心开始跑步后，一月份便尝试马拉松赛跑。相反，你应从简单的小任务开始，逐步增加难度，不断朝着更大、更具挑战性的目标前进。正如肌肉不可能一夜之间变得强健，培养控制意志力的能力同样需要时间和持续的努力。

不必过于担心你开始时的水平。只要你所做的事情能够挑战你的常规行为模式，那你就已经走在正确的道路上了。如果你想要养成跑步的习惯，初始阶段只是在街区周围散步也完全可以，尤其是如果这已经是你目前能够做到的极限了。这本身就是一个非常大的成就！而且，只有从困难的事情做起，你才能逐渐加强你的意志力训练。当你能够轻松地完成围绕街区的散步，而且散步已经不再是对你意志力的挑战时，尝试交替进行慢跑和步行。如果直接开始慢跑对你来说是一个难以持续的大挑战，那就从较小的挑战开始，每走几分钟就慢跑 15 秒。记住，只要这是前进的一步，并且是自我挑战的一步，那么步伐的长度并不重要。

你可能一直在推迟清理车库或地下室的工作，或者拖延洗碗。不管你想要做出什么改变，如果你感觉有些无从下手，那就从最简单的一小步开始吧——从车库或地下室里找出一件不需要的东西扔掉，或者先洗一只碗。从微小的事情做起，逐步建构行动的动力。每一步的行动不仅是围绕任务本身做出的努力，也是对你意志力的锻炼。特别是当你开始感到有些不知所措时，如果你能够继续前行，突破自我设限的阻碍，那么你将在这个过程中真正锻炼和增强你的意志力。这意味着你要与自己想停下来的欲望相抗衡，平息自己已经到达极限的感觉，并且终止大脑中过早触发的警告反应。当然，你应该谨慎行事，逐渐挑战更加困难的任务，但不妨尝试着稍微逼迫一下自己，看看会有什么不同的感受。

如果你发现自己难以面对新的意志力挑战，那就深入思考，自问原因何在。如果你不喜欢跑步是因为鞋子不合脚，那就买一双更适合你的鞋子。如果觉得独自整理地下室是一项艰巨的任务，不妨寻求他人的帮助。无论遇到什么问题，只要确定了原因，你就能研究解决策略并且开始行动。奇怪的是，在做正确事情的过程中，我们常常为自己的局限性辩解，我们往往是自己最大的障碍，因此将问题公开讨论，坦诚地对自己提问是非常有益的。在这个过程中，保持清醒的意识和坚定的意图至关重要。

小胜优于大败

迈出小步的意义何在呢？来看看“进步原则”吧。在同名图书中，特蕾莎·阿玛比尔（Teresa Amabile）和史蒂文·克莱默（Steven Kramer）研究了一组员工，发现无论员工的职位或个性如何，影响他们在工作中的幸福感和表现的最关键因素是“进步”。[10]然而，这种进步并不需要通过晋升或获得奖励来体现。实际上，正是那些日常的小成就激励人们更加努力工作，并激发了他们的创造力，从而让他们在工作中感到更加快乐。

他们的研究覆盖了一年内的12万个工作事件，阐释了为何小进步比大进步更能激发人们的动力。由于人类规避风险的本能，挫折对我们前进动力的负面影响往往超过成功带来的正面激励。阿玛比尔和克莱默强调，管理者的核心任务是减少员工遭遇挫折的次数，使他们能够频繁地体验到小成就。他们指出，工作场所中常见的挫折包括想法被否定、失去对工作的主导权，或者从事远超出自身能力、资质的工作。

在《哈佛商业评论》一篇备受瞩目的文章中，阿玛比尔和克莱默指出：“工作期间，在所有能够提振情绪、激发动力和改善感知的因素里，最关键的是在有意义的工作中取得进展。”[11]并非所有工作都符合这一标准。他们解释道：“不管目标是伟大还是微小，只要这些目标对员工有意义，并且员工能够清楚地认识到自己的努力如何能助力实现这些目标，朝着这些目标的进步就能够激发员工内在的工作状态。”进步不应该仅仅体现为反馈或参与性的奖励，而必须真正融合员工及其追求的事业，并且对员工来说具有实际意义。

当设定一些宏伟的目标时，例如在多年未曾锻炼的情况下决定跑马拉松，我们必须面对一个事实：这样做我们更容易失败，并且在尝试的过程中可能会受伤。这带来的挫败感可能会削弱我们追求目标的热情。因此，相较于冒着巨大风险去尝试、面临重大损失，逐个实现小目标、积累小成就显然是更明智的选择。

正向动机与负向动机

毫不意外，动机是意志力控制的另一关键因素。然而，存在着不同类型的动机，它们的效力也不均等。

对于达成目标而言，最理想的动机是内在动机。这种动机源于你自己，与那些外界强加的期望不同。正如理查德·瑞安（Richard Ryan）和爱德华·德西（Edward Deci）在他们关于自我决定理论的开创性论文中所提到的：

> 比较那些拥有真实动机的人（更确切地说，是自我主导或自我认同的人）和那些仅仅因外在控制而行动的人，通常会发现前者相对于后者拥有更多的兴趣、激情和信心，这种差异反过来又体现在他们更优秀的表现、更持久的坚持以及更强大的创造力上。[12]

如果我们能够自我激励，而不是依赖外界因素，我们就更有可能表现出众。我们不应仅为满足上司的期望而工作，而应在内心深处找到一个认为工作有意义的理由。例如，快餐店里翻制汉堡的员工可能会意识到，自己在帮助人们解决温饱问题；街道清洁工或许会意识到，自己在维护城市的清洁。同理，追求良好体形不应只是为了满足社会的期望，而应为了自我感觉良好。一旦我们在行动中看到了自我价值，就更有可能实现目标。实际上，一项关于女性减肥的研究发现，那些通过发掘内在动机来实现自我管理的女性，在三年内减掉的重量远多于那些专注于外部激励因素的女性。[13] 我们的动机需要源自我们的内心。

我们之所以在意志力方面如此挣扎，一个重要原因可能是现如今各种外部动机随手可得——各类习惯养成应用程序与工作效率应用程序、智能手表以及各行各业的个人教练。过分依赖这外部动机时，我们就会逐渐失去自我激励的能力，结果是我们无法构建必要的内在驱动力来实现我们的意图。最好的激励，来自我们内在的力量。

生产力工具与意志力的独立性

我们日常生活中遇到的每项任务都有对应的工具可以帮助我们。如果你在努力让生活规范有序，待办事项应用程序可以帮助你；如果你在尝试养成好习惯，你可以使用习惯跟踪应用程序；如果你在写书，可以使用专注应用程序来屏蔽所有干扰，直到你完成目标字数。

但这些工具并不能训练你对意志力的理解。你需要解决的是在第1章中提到的埃德加·艾伦·坡所说的“反常之魔”，那种“自我毁灭”的危险欲望。

进行举重训练时，很多人喜欢戴上手套或者腰带来保护自己的背部。生产力工具的作用与此相似。它们有助于抵消挑战中的某些负面影响（比如手上的茧子或背痛带来的影响），但它们并不会直接帮你挑战你对意志力有限的信念，也不会帮你建立意志力无限意识。因此，在使用这些工具时，我们应该谨慎并有意图地选择。

生产力工具之所以容易让人上瘾，部分原因在于它们会带给我们成就感。正如神经科学家克莱尔·吴（Claire Wu）向BBC解释的，我们会变得更看重那些数字化的奖励，而不是成就本身。克莱尔·吴说：“许多应用程序都有一个共同的特点，那就是显示进步，比如点亮徽章或是突出显示达到某个数字积分。但这些东西可能变得比实际结果更为重要——例如，某人完成了一次锻炼，却没有获得预期的徽章或积分，他很可能感觉所有努力都白费了。实际上，锻炼的价值远比一些随意给出的徽章或积分重要得多。”[14]

你有没有遇到过那种每天坚持走10 000步的人？他们可能在打电话时不停地走来走去，或者为了达到日常步数目标而在晚上专门出去散步。对于那些过分执着于这个目标数字的人来说，如果他们忘记带手机或戴智能手表，使步数“凭空消失”，他们会因此而感到失落。在《纽约时报》的一篇文章中，大卫·塞达里斯（David Sedaris）讲述了自己有多沉迷于每天达成21 000步的目标——在一次长途飞行中，他为了累计步数，甚至在座位上不停地模拟慢跑！[15]最能体现这种心态的，可能是那些用来摇晃智能手表以模拟行走的摇步器。还有多邻国提供的一项服务，如果你支付费用就可以恢复你断掉的“连续学习记录”。塞达里斯还在那篇文章中提到自己曾经给某人付了一笔钱，让对方戴着他的苹果手表走动两个小时，仅仅是为了完成他的目标！当我们变得更重视无意义的奖励而非最初的目标时，我们就需要停下来，重新思考我们真正的追求是什么了。

成就的自豪感

如果你在锻炼自己的意志力信念，那么你也应该学会享受这个过程。去站在“反常之魔”的对立面，从挑战自己的极限中获得一种非比寻常的快感。要庆祝你的胜利，为你的成就感到自豪。

然而，正如动机存在多种类型一样，自豪感也有不同的类型，并不是所有类型都能增强我们的意志力。事实上，某些自豪感甚至会对我们的目标产生破坏性影响。《消费者研究杂志》（*Journal of Consumer Research*）的一项研究发现，自豪感的来源决定了它是会帮助还是会破坏我们的意志力。[16]在增强自我控制方面，那些为自己的人格特质感到自豪的人表现得比那些为自己的行为感到自豪的人更为出色。

让我们来详细分析一下：你对自己行为的自豪感越强，越难以保持自我控制。如果你因为整天吃得健康而感到自豪，到了晚上就更可能放纵自己。但是，如果你为自己的人格特质感到自豪——不管是作为一个坚持健康饮食的人，还是一个每天进行体育锻炼的人，抑或是一个总是为孩子腾出时间的家长——你就更有可能长期坚持这种行为。简而言之，认同自己的身份，而非单纯关注所做之事，可以在追求目标时保持更强的持续动力。

我们怎样才能在“为自己的人格特质感到自豪”与“为自己的行为感到自豪”之间找到恰当的平衡呢？这项研究的建议是，保持与自身情感的协调，避免自负，并且牢记感到自豪是完全正常的。当你向目标迈进一步时，要将这件事放在适当的情境中来看待。用这一行动来塑造你自己。早起 15 分钟并不是第二天晚睡的好理由，但这是成为“早起者”的伟大旅程中的一步。每早起一次，你都在巩固你的目标身份。这是值得自豪的。

锻造意志，成就自我

锻炼意志力的方法取决于你的起点和面临的具体困难。无论起点如何，关键都在于应该开始行动并持续不断地推进。如果你已经习惯每天跑 5 千米，那么继续这样做可能比一个几年来一直坐在沙发上的人每天绕街区走一圈要容易。

锻炼意志力就像锻炼身体的肌肉一样，既简单也困难。关键在于从小处着手，保持正确的姿势，并利用正念在日常活动中寻找新的体验。挑战的根本在于你自己。因此，意志力的培养也应从内而外进行。最有效的策略是接受现状，在此基础上逐步提升，并在过程中庆祝每一个小胜利，为自己的努力和取得的成就感到骄傲——不仅包括你正在进行的活动本身带来的成果，还包括你在超越自我极限并取得进步时得以增强的意志力。一旦打破自我设限，你会为自己所能够取得的成就感到惊喜。

第10章
众虎同心，志可达成

拉涅利，拉涅利，他自意大利而来，执掌城市之帅。

——莱斯特城足球助威歌，
以《飞翔》的旋律而唱

不管你对足球的态度如何（对本书三位作者中的两位来说，或许“football”比“soccer”更为地道），很难找到比2015—2016赛季莱斯特城足球俱乐部（Leicester City FC）更鼓舞人心的球队了。

莱斯特城足球俱乐部1884年成立于英格兰东米德兰兹，在成立后的大部分时间里是一支低级别联赛球队。英格兰足球联赛系统呈金字塔结构，球队会根据在联赛中的表现升降级。如果英超联赛（顶级联赛）的球队输给了英冠联赛（第二级别联赛）的球队，它可能会从英超联赛降级。在20世纪90年代初，曾长期稳居第二级别联赛的莱斯特城足球俱乐部面临着被降至第三级别联赛的风险。但在1995—1996赛季的足球联赛附加赛后，该队成功升入顶级联赛。到了2014—2015赛季时，在顶级的20支英超联赛球队中该队排名第14位。

2015年，克劳迪奥·拉涅利（Claudio Ranieri）作为新上任的莱斯特城足球俱乐部主教练，组建了一支“杂牌军”球队。他的首发队员总花费仅为2300万英镑（约2900万美元）。他们的劲敌切尔西在队员身上的花费几乎是这个数字的10倍。其他英超球队，如曼城和曼联，花费超过了1.5亿英镑（约1.85亿美元）。莱斯特城足球俱乐部赢得联赛冠军的赔率是5000∶1。

自那时起，这支球队便开启了前所未有的比赛征程：他们的成功不是因为出众的天赋，更多来自教练的巧妙指导、团队的默契合作与队员之间深厚的友情。他们非传统的打法以及对胜利的共同追求，远远超越了外界对他们实力的预期。[1]拉涅利因擅长提升队员士气而闻名，他以比萨作为激励，并避免使用强硬的心理战术。拉涅利营造了坚不可摧的团队凝聚力和意志力，推动队员抛弃自我，朝着明确的目标努力。最重要的是，拉涅利教会了他们永不放弃的精神。这支球队在许多比赛中都能以更持久的耐力在最后时刻扭转乾坤，在终场哨声响起前进球，最后赢得比赛或实现平局。尽管从理论上看，这支球队的天赋并不突出，但这并没有阻止他们战胜困难，并首次赢得英超联赛冠军。至今，还没有其他任何球队能在处于弱势的情况下，在如此盛大的比赛中取得出人意料的胜利。

正如莱斯特城足球俱乐部所证明的，团队的努力可以推动我们超越自身的局限。虽然我们通常将意志力视为个人特质，但人们可以通过集体意志力来实现目标。然而，集体意志力与个人意志力有所不同。我们很容易受周围人的影响，有时这种影响并不那么积极——如果我们的社交圈中有人吸烟，我们就更有可能吸烟；[2] 如果我们认为我们的朋友会酗酒（即使他们不这么做），我们也更有可能酗酒。[3] 但在某些情况下，这种影响会促进亲社会行为——当周围的人都有环保意识时，我们也会具备更多的环保意识。[4] 我们是社会性生物，没有人想成为异类。这种效应同样适用于意志力。

集体意志力彰显不凡

这种社会效应表明，当意志力由整个集体共有时，其力量可以达到最强。许多案例证明，某些群体在做出艰难选择时，通过集体决策，克服了单个成员无法解决的难题。实际上，意图的有意传播（即基于他人的意图，借鉴或迎合他人的意图）有助于完成我们认为单凭自己不可能完成的任务。

欧内斯特·沙克尔顿（Ernest Shackleton）于 1914 年

至1916年的航行就是一个团队克服巨大挑战的最佳例证。他的船叫作“耐力号”（考虑到他们的遭遇，真是恰如其名），被冰层困住，慢慢沉入大海，迫使沙克尔顿和他的船员在南极艰难求生。沙克尔顿带领5名船员乘坐一艘敞篷小船冒险行驶800英里，到达了一个偏远的捕鲸站，然后穿越岛屿寻求援助。全体船员都怀有一个明确的共同目标——活下来。尽管心中有诸多疑惑和担忧，但沙克尔顿却始终坚信他们必定能够活下来。不仅如此，他还非常清楚目标和每位船员需要承担的责任。全体船员的集体意志力和坚韧决心最终使“耐力号”的28名成员全部获救。

我们虽未曾困于南极，但都有过在团队合作的鼓励下超越自我极限的经历。参加过长跑的人都知道，周围人的支持能够带来能量，跟随别人奔跑可以让自己加快速度。这就是大型赛事中会有领跑者的原因。

专家们发现了只存在于集体环境中的意志力形式——集体意志力，并发现它可能远远强大于个体的意志力。斯坦福大学教授阿尔伯特·班杜拉（Albert Bandura）在其社会认知理论的早期研究基础上进一步扩展了超越了个体层面的行为主体概念。[5]他认为人类可感受到的行为主体有三种：个人、代理和集体。每一种行为主体的复杂性依次增加：

- 个人：我想要那个苹果；我去拿那个苹果。
- 代理：我想要那个苹果，因此我想请你将它递给我。

- 集体：我们都希望得到苹果，因此我们一起合作去获取苹果。

在应用集体意志力时，既要设定集体的共同目标，也要分担为实现这些目标所需的分内工作。集体意志力不只是最为复杂的，也是最具力量的。研究表明，团队成员的自我效能感对团队的表现有着积极而强烈的影响。集体意志力的影响力既体现在莱斯特城足球俱乐部的传奇故事、士兵的英雄行为、救援人员的奋不顾身这样的伟大事迹中，也深深植根于普通的日常行为中。若非坚信队友的力量，莱斯特城足球俱乐部几乎不可能走到那般高远。队员们依靠集体意志力的力量，赋予自己能量，战胜了 5000 ∶ 1 的不利赔率。这种效应在各种情境中皆有体现，无论是集体运动、科学研究还是政治领域。那么，团队如何才能释放集体意志力呢？

> 几乎 90% 的人相信，一个团队的集体意志力可以超过团队中任何单个成员的意志力。

集体意志力之三支柱

集体意志力的推动因素众多，而构建集体意志力有三大关键策略。第一个关键策略，也是最重要的策略，是拥有共同的意图和对目标的明确认知，即“共享意图”。[6] 当团队内部对理想结果的追求达成一致，并且意识到每位成员对实现共享目标的重要意义时，团队成员便会相互负责。这种相互依赖的关系促使团队表现超越个体所能达到的水平。第二个关键策略是应用支持性领导力，即领导者能够鼓励并赞赏高意志力成就。[7]第三个关键策略是以结果为导向，明确对每位贡献者的期望。[8]沙克尔顿有效地使用了这些策略，他常与船员沟通，明确他们共同追求的目标，让船员有机会自我表达，即使只取得了小成就也给予支持，并为每位船员分配明确的职责。他拒绝放弃，他的团队成员深知这一点。

并非团队中的每个人都具备意志力无限信念，但只要关键的几位成员具备，整个团队就能从中受益。科学研究显示，意志力信念对团队有重大影响力。那些坚持自己的意志力信念，在工作中勇于面对挑战的个体，哪怕他们不处于领导职位，也能对周围的同事产生正面影响。那些拥有意志力无限信念的人能够通过他们的心态和行动让周围的人产生工作动力，进而推进集体的工作绩效。当一群同事共同坚信意志力无限并依此行事时，这种效果会更加显著。[9]意志力信念在团队中具有感染性——通过分享将意志力视为无限资源的认知，个体可以增强整个团队的力量。

团队凝聚力打造更强意志力

团队的集体意志力的质量取决于成员之间的关系质量。

正如我们在多种情境中所经历的（无论是在职场、体育团队中还是在军队中），成员间关系越密切，团队的集体意志力也越强。这并不表示团队成员必须相似。相反，大量研究表明，多元化的团队往往能有更佳的表现。[10]值得注意的是，团队越团结，团队成员为集体目标付出更多努力的意图越强，所达成的效果也就越显著（比如莱斯特城足球俱乐部）。[11]

这并不意外。当知道同事和我们一样敬业和努力时，我们就会受到激励，从而付出更多的努力。明白这一点后，对于任何领导者（或团队中的非领导者）来说，重要的就是积极地运用这种影响力。团队中的任何成员都可以通过分享和赞美其他成员展现的意志力无限信念来推动其他人转变观念，从而增强团队的意志力。这不是说要专门表扬那些日夜工作、在办公室过夜（或者根本不睡觉）的人，而是要突出那些个体或团队超越预期的高光时刻。领导者还可以分享那些攻克难关的故事，让团队关注这些时刻，为成员创造机会，让大家看到彼此如何消解了看似无法战胜的障碍。领导者还可以通过组织拓展训练，或参考国家户外领导力学校（NOLS）的企业拓展活动，或让成员参与为“仁人家园”（Habitat for Humanity）建造房屋等慈善活动，为团队创造挑战自我的机会。

培养集体意志力

培养集体意志力的方法与培养个人意志力的方法相似。

团队仪式和庆祝小成就都有助于积累动力，还可以培养集体荣誉感。重要的是，要确保每位团队成员都能意识到其他成员的成就，并且全身心投入共享目标的实现，每位成员也应为自己设定意志力目标。我们的终极目标是赋予团队成员信任自我的力量。一旦他们开始自信，就能自发地创造奇迹，并在团队内部共同强化这种能力。

领导者应先从自我做起，通过建立一种相信意志力无限的文化，可以有效协助团队战胜各种挑战。虽然不可能人人都能夺得英超联赛冠军或横渡南极，但我们可以借鉴那些成功者的策略，提升团队的表现水平。同时，这也意味着我们应该营造一种积极参与的文化氛围，这在我们的组织中甚或工作场所之外都将产生广泛的影响。

第 3 部分
好奇心

第 11 章
高效能者具备好奇心

好奇心是充沛智慧之最永恒、最确定的特征之一。

——塞缪尔·约翰逊（Samuel Johnson）

坦普·葛兰汀（Temple Grandin）于 1947 年出生于波士顿。从很小的时候起，周围的人总是描述她“和别的小孩不一样”。她的父母亲带她去看医生，医生一开始将她诊断为“大脑受损”。很长一段时间之后，她才得知自己患有自闭症。

当时，医生建议她去专业机构进行治疗。虽然她的父亲准备接受这一建议，但她的母亲不希望孩子从自己身边离开。父母对于是否应该让葛兰汀去专业机构进行治疗存在分歧，而且这种分歧可能导致二人离婚，但是这件事最终的结局是社会因此受益——由于葛兰汀对自己和周围的世界保持着无尽的好奇心，她已经成为一位受人尊敬的公众人物，专门为那些在世俗眼中属于社会负担的神经多样性群体发声。

葛兰汀从小就对动物的思维方式和它们与周围环境的互动方式展现出浓厚的兴趣。尽管发现自己与人交流很困难，但她在动物身边感到十分轻松且自在，认为自己能理解它们对世界的感受。在 20 世纪 60 年代初的美国，她以动物为中心的世界观出奇地新颖——在现代农业产业中，从未有人像葛兰汀那样深入关心动物，也从未有人从她的视角看待世界。

葛兰汀对动物的浓厚兴趣促使她研究动物科学，并最终获得了伊利诺伊大学厄巴纳 - 香槟分校的博士学位。之后，她开始专注于研究恐惧和各种压力因素对牛的影响，成为首批倡导用人道方式替代传统畜牧处理方式的科学家之一。葛兰汀的研究有力地增进了动物福祉，她的理念不仅得到了动物权益活动家的支持，也被嘉吉公司这样的肉类生产商和麦当劳这样的全球性公司采纳。然而，葛兰汀在动物领域的贡献仅是她影响力的冰山一角。

由于难以理解他人，葛兰汀希望弄清楚自己是如何与众不同的，更重要的是，希望其他人理解她。她决定探索自己的内心世界，并与全世界分享。这一决心彻底改变了人们对自闭症的认识。在关于自闭症历史的著作《自闭群像》（*Neuro Tribes*）中，作者斯蒂文 · 希尔伯曼（Steve Silberman）提到葛兰汀为自闭症的社会污名化正名，并带来了深远影响。[1] 研究心理学家伯纳德 · 伦姆兰（Bernard Rimland）说：“坦普向读者传递她内心最深处的感受和恐惧，加上她阐释心理过程的能力，让读者对自闭症有了前所未有的深入理解。”[2]

葛兰汀的故事证明了好奇心的强大力量。她全心投入自己的热情所在，与全世界慷慨分享，从而推动了社会进步，让世界更有同情心和包容性。

为求知而求知

好奇心是意图的基本构成模块，它像一台不停运作的引擎，推动所有其他因素向前发展。当一个人极度好奇时，他便能够调动必要的意志力、诚实、注意力与习惯来满足这种好奇心。

好奇心是推动葛兰汀取得卓越成就的关键因素。幸运的是，我们大多数人都体验过对事物充满好奇的感觉。你正在阅读这本书就恰恰证明你具备一定程度的好奇心。或者更准确地说，这至少表明你还未完全失去对这个神奇世界的探索欲。在孩提时期，天性驱使我们去探索和发现新事物，我们不会担心他人用什么眼光看待我们，也不在意我们探索出怎样的结果。那时，我们之所以好奇，仅仅是出于好奇心本身。尽管成年后我们也许仍保持着相当的好奇心，但在孩提时期，我们在这一方面的天赋和热情更加出色。

在心理学中，好奇心通常被理解为“为了知识本身而追求知识，而不是为了知识的实用性而追求知识”。[3] 当还是个孩子时，你可能尝试过泥与水混合的“自制药水”，只是想知道它尝起来是什么味道。同样，葛兰汀在孩提时期也许只是出于好奇而跟随一只猫四处走动，想看看它如何行动，而不是为了她后来写的 60 多篇关于动物行为的学术论文。好奇心推动我们探索世界，而不让我们沉溺于结果。正如之前探讨过的兰格正念法，好奇心关乎寻求我们之前未见过的、新奇的事物——只是为了与之共处。

好奇心不关注结果，并不意味着我们不能从中获得实际益处。事实上，好奇心驱使我们去记住信息，从而帮助我们更高效地学习。在两项类似的研究中，参与者需要回答涉及多个领域的琐碎问题，并对找出每个问题的答案所抱有的好奇程度进行评分。[4,5] 不出所料，无论是年轻人还是老年人，他们都更容易记住那些激起了他们好奇心的问题。值得注意的是，他们记得更好的不只是这些琐碎的问题。在提问的间隔中，他们还看到了一些绘有面孔的图片，这些图片与问题完全无关。研究人员发现，那些在激起了强烈好奇心的问题前后所展示的面孔更容易被参与者记住。换言之，当我们处于好奇的状态时，会对所接收的信息更加敏感，哪怕这些信息并非我们当时的好奇心所关注的焦点。

实际益处不止于此。好奇心会带来一系列其他积极成果，包括提高学习成绩、[6] 增强幸福感、[7] 降低老年人认知衰退的风险 [8] 以及在追逐目标的过程中和日常生活中增强意义感。[9] 当员工受好奇心驱动时，他们更有可能在工作中获得更好的结果。与其他更为传统的评估员工所使用的性格特质（如外向性、合群性和责任心）相比，好奇心已被认定为预测工作绩效的一个重要相关因素。[10]

好奇心甚至解释了工作表现中无法通过更为传统的性格特质来解读的一些差异。例如，你可能从未听说过珀西·斯宾塞（Percy Spencer），但我们敢打赌你每天至少会使用一次他的好奇心产物。斯宾塞是一名工程师，在第二次世界大战期间为美国国防部的承包商工作，负责建造雷达管，还获得了美国海军颁发的杰出服务奖。有一天，在研究用于雷达系统的强力真空管时，他注意到口袋里的糖果棒融化了。斯宾塞并没有将糖果棒的融化归因于腿部的热量，也没有因手头的工作而忽略它，而是出于好奇进行了进一步的调查。他推测是他所操作的机器以某种方式加热了糖果棒，于是他用其他食物做了试验，接着意识到电磁场可以产生热量。他试着用玉米粒做试验——将玉米粒放在机器附近时，它们爆裂开来。微波炉就这样诞生了。如今，许多独角兽科技公司也是从类似的故事中成长起来的，这些故事中的人物同样捕捉到了一些不寻常的现象并决定深入调查，看看能否找到一种解决问题的新方法。

真正的超能力：专注的好奇心

要从一般的好奇心跃升到高效的探索，你需要的是专注。

正如投资家保罗·格雷厄姆（Paul Graham）在其著名的论文《公交车票收藏家》(Bus Ticket Collector) 中所述："众所周知，要获得杰出成就，你不仅需要天赋和毅力，还需具备第三种不太为人所知的要素：对某一特定主题的强烈兴趣。"[11] 请注意，他这里谈的不是知识，而是兴趣——你必须极度好奇。当这种好奇心专注于某一特定主题时，伟大的成就就会诞生。所有重大的科学发现都源于某些人对特定问题长年累月甚至几十年的深入钻研。他们反复思索，直至解开谜题。我们将在第 20 章进一步探讨专注的重要性，因为它是将好奇心转化为意图性超能力的关键因素。接下来，我们将先探讨：为什么我们不再重视好奇心？我们又该如何重塑好奇心？

> 85% 的人相信，好奇心是卓越表现的驱动力。

但行好事，莫问前程

许多人从小就学到，提问太多并不总能得到奖励。疲惫的父母在忙于给我们准备午饭和送我们去学校时，通常没有时间向我们解释为什么天空是蓝色的。迈入成年人之列后，我们需要努力去摆脱那些在成长过程中形成的观念。许多人早已忘记了那种纯粹为了探索而进行的小而无用的尝试和从中体验到的乐趣。随着年龄的增长，我们的行为越来越多地被义务或利益所裹挟，我们再也找不回那些纯粹的、无拘无束的兴趣。

尽管一些性格特质（比如我们的责任心）会随着年龄的增长而提升，但我们的开放性却会逐渐降低。[12] 虽然好奇心被视为“人类动机的核心部分”，[13] 但成年人对于自己生活圈子以外的世界并不像儿童那么兴致盎然。更具体地说，我们发现，随着年龄的增长，三种特定类型的好奇心有所衰减：人际好奇心（对他人的关心）、自我好奇心（对自己的关心）和知识好奇心（对新知识的基本追求）。

随着年龄的增长，那种天生的好奇心以及随之而来的种种益处会逐渐减弱，想到这一切，的确令人感到些许挫败。但其实，我们完全可以通过一些方法来逆转这一趋势。如果我们期望充分利用这股强大的内在动机，那么我们应该将非目的性活动纳入我们的日常生活中。

非目的性活动？这得讲到亚里士多德，他将活动分为两种，目的性的和非目的性的。目的性活动（来自希腊语“telos”，意味着“结束”或“目标”）是指那些有着明确目的的行为；非目的性活动则是在没有明确目标的情况下进行的——更关注过程而非结果。

为了进一步探讨这个话题，我们采访了麻省理工学院的哲学教授基兰·塞蒂亚（Kieran Setiya）博士。他在著作《重来也不会好过现在：成年人的哲学指南》（*Midlife: A Philosophical Guide*）中提倡参与非目的性活动，引导人们通过哲学奥义来为中年生活保驾护航。在我们的谈话中，他讨论了一个观点，那就是随着成长，尤其是在成年早期到中期，我们会逐渐更加专注于目的性活动，这导致我们天生的好奇心减弱，更加注重为了取得成就而采取行动。[14]

在他的书中，塞蒂亚解释道，我们是如此重视目的性活动，以至于许多人认为那些没有明确效用的活动没有必要进行。我们练习钢琴，是为了取悦我们的岳母或减缓认知衰退的速度，而不仅仅是为了享受乐曲；我们阅读一本书，不是出于对知识的纯粹追求，而是为了能够在阅读清单中划掉它，抑或是为了在职场中应用新学到的知识；我们去大自然中散步，不是单纯为了享受行走的乐趣，而是认为这样做有益健康，或者说是为了“在做事情的过程中找到价值感，让当下显得更加充实、更令人满足——更值得我们的关注和投入”。[15] 为了抵消这种倾向，我们可以努力花更多的时间去新地方旅行，阅读与我们工作无关而且我们对主题一无所知的图书，抑或寻求新的体验。换句话说，我们去尝试新事物，不应是因为我们渴望达成某些成就，而应是为了在那些活动中“活在当下”。这才是参与的真正意义——全心投入于你正在做的事情。

> 请做一个简短的思维试验，问问自己：如果有一天的自由时光，可以做任何想做的事情，我会去做什么？但有一个条件——你做的事情不能是为了服务于其他特定目标。换句话说，如果你跑步是为了保持身材，或者是为了准备马拉松，甚至只是为了使头脑清醒，你就不可以去跑步。有什么事情是你仅仅因为那件事本身而去做的？

对许多人来说，这个问题出人意料地难以回答。我们如此专注于有明确目标的活动，以至于忘记了如何去做那些没有其他目的而自身就是最终目的的事情。

当然，现实生活并不总会允许我们留出时间来随意闲逛。大多数人的生活都非常忙碌，缺乏无目的的爱好在很大程度上是因为我们的任务太过繁重。塞蒂亚承认，生活的需要有时太迫切，无法让我们定期参与非目的性活动。但是，从目的性活动转向非目的性活动并不一定意味着我们必须改变所做的事情。这种转向更多的是一种心态上的变化。

“在任何给定的时间段，你所做的大多数事情既可以从目的性的角度表述，也可以从非目的性的角度表述。”塞蒂亚解释说：“你不一定需要改变你手头正在做的事情，但是你要试着在其中找到非目的性，找到其中的价值。正如我会一直写哲学文章，但我的重点是研究哲学，而不仅仅是为了完成文章。”[16]

如果你没有时间去尝试新的体验（虽然我们强烈建议你尽量挤出一些时间尝试新鲜事物），你可以尝试重构自己的思考方式。比如下次做晚饭时，不要将它仅仅视为一项必须完成的任务。当然，你必须为自己准备晚餐，但是你可以在这个过程中寻找乐趣。比如，你是否喜欢尝试新的香料组合？你是否愿意尝试那些你从未去过的国家的食物？你是否想要精心制作一个地道的得克萨斯风味的墨西哥玉米卷？保持一颗玩乐和好奇的心，不为任何目的，不期待任何回报，只为享受当下。正如塞蒂亚所说，通过这种方式改变对待工作的态度，他帮助自己成功度过了中年危机。“这种更关注过程而非结果的心态改变了我的生活：它使当下不再那么空洞，生活的滋味不再是令人沮丧的你争我夺，我不再是无休止转动的仓鼠轮上疲于应付的仓鼠，这种心态让我重新认识到了自己真正珍视的东西。”[17]

好奇心——探索未知和质疑世界的能力——会随着岁月流逝而固化，我们对于世界的认知和信念会逐渐定形。在接下来的章节中，我们会深入探讨如何抵抗这种趋势，保持好奇心的活跃度，这对理解和实践“意图”这一概念极其关键。

第12章
认知之路，日日新，又日新

无论什么事情，我们都应该时常问问自己，那些我们长久以来认为理所当然的事情真的理所当然吗？

——伯特兰·罗素（Bertrand Russell）

想象一下：你踏上了一段为期三天的徒步旅行，穿越一片原始的人迹罕至的荒野。你携带了一张简略的地图及每日的行程安排。你出发了，尽可能精准地遵循地图的指引，尽管周围美不胜收的景色不时会让你分心。徒步几个小时后，你注意到正北方有一个小山丘。你在地图上找到了这个山丘，确信自己走对了路。时光流逝，几个小时又过去了，疲劳感开始袭来。露营地点应该就在前方一两英里的地方。你继续向前走着，此时夕阳的余晖拉出了长长的影子，你听到了前方传来的流水声。那声音愈发响亮，直至你终于发现自己站在一条汹涌澎湃的大河边，河水挡住了你前进的路。当细小的水珠拍在脸上时，你心跳加快，意识到不对劲——这条河不在地图上，至少不在你认为你所在的地图位置上。

这种情况下你会怎么办呢？有两个选项：a. 接受你很可能看错了地图这一想法；b. 假装这条河并不存在，继续往前走。

尽管这个例子看起来有些荒谬，但有关认知偏差（确认偏误、认知失调以及信念固执等）的研究表明，面对新证据时，人们要修正自己的信念会出奇地困难。相反，人们会进行"动机性推理"（一种非理性心理现象），即用充满偏见的逻辑和推理来进一步强化他们原有的信念。例如，向否认气候变化的人展示气候变化的证据，结果往往适得其反，会使他们对气候变化的存在性的质疑更加坚定。[1] 出人意料的是，这种僵化思维并非源自仓促的结论、直觉判断或者是一系列思维捷径。正如耶鲁大学法学院的丹・卡汉（Dan Kahan）所表明的，动机性推理实际上与更高层次的认知反思有关。[2]

表现出较多动机性推理的人（我们所有人或多或少都会有这种倾向）倾向于对手头的问题思考得更多、更深入。动机性推理并不像传统观念所认为的那样是愚蠢的表现，实际上是大脑处理信息能力的一种特写，它驱使我们以一种符合我们利益（而不是某种客观真理的利益）的方式来解释证据。无论这些利益是什么，或许是对某个群体的归属感，或许是对自己某种能力的认同（比如认为自己是优秀的攀岩者），最终的结果往往是形成一些与周遭实际情况不相符的信念。正如卡汉所指出的，从维护个人自我认同的角度来看，这往往是合理且理性的选择。在二选一的情境下，你会选择宁愿坚持正确的信念但被你的社区排斥，还是宁愿放弃正确的信念但与大家和谐相处呢？当然，众所周知，问题出现于许多人集体选择在错误的“真理之谷”中寻求庇护时（这种选择却看似便宜）。不过，这些内容就是另一本书要讨论的了。

思维转变之艺

保罗是迈克的好友，是一位非常成功的股票交易员。他常说：“在交易中，强烈的信念就像火箭推进器——有助于让你接近目标，但你要尽快丢掉它们，因为它们只会拖你的后腿。”对此，斯坦福大学教授、未来学家保罗·萨福（Paul Saffo）有另外一种表达：“强势见解，弱势持有。”

这种方法也是麦肯锡问题解决方法的核心，它提倡即使在所有信息尚未完全掌握的情况下（如面对新兴行业或复杂问题时），也要先建立一个假设。但是最关键的是，随着新信息的不断涌现，你必须能够灵活调整你的假设。要敢于提出你的观点，但同时要做好随时修改它的准备。

具备高水平批判性思考能力的人不仅有能力去改变自己的看法，还可以同时接受不同的观点。他们不断重新评估自己的信念，寻找新的资讯，并在适当的情况下将相互对立的观点融入自己的思维模式中，以此创新出独特的解决方法。《金钱心理学》（*The Psychology of Money*）的作者摩根·豪泽尔（Morgan Housel）称此为“心智流动”。他认为在进行投资时，人们低估了适时改变自己主意的能力：“很多人所说的‘坚定信念’实际上是刻意无视可能改变他们观点的事实。这极其危险，因为人们总是将坚定的信念视为一种优良的品质，而其对立面——优柔寡断，人们往往认为它让人显得笨头笨脑。”[3]

如何培养认知灵活性

科研人员对我们如何调整信念，即所谓的认知灵活性，进行了长期的深入研究。事实上，存在两类信念：一类是“信仰”（Belief，首字母大写——如对民主的坚定信仰或对所有个体应享有尊严的信仰）；另一类是“观念”（belief，首字母小写——如确信某块拼图碎片应该放在某个特定的位置，或认为袋熊是有袋类动物，或肯定纽约位于美国）。在“观念”的情境中，认知灵活性是一种至关重要的技能。

我们对这种技能并不陌生，它根植于我们的好奇心，使我们在日常生活中策略性地“调整观念”或“改变想法”。我们曾深信拼图的那一块碎片应该放在左边，结果却发现它其实应该放在右上角。“认知灵活性”大致可以被定义为：以某种方式做一件事，发现行不通，然后换一种方式去做。阿兰尼·努内斯·德·桑塔纳（Allanny Nunes de Santana）和他的同事通过一项元分析发现，认知灵活性与数学成绩之间存在显著的关联。[4] 高水平的认知灵活性意味着更出色的阅读技巧、[5] 更优秀的数独成绩，[6] 甚至更高的生活满意度。[7] 这并不意外，那些能够直面当前策略失败的人往往最终能获得成功。

> 要培养这种技能，你可以试着反思一个你长期坚持的小观念——这个观念可能平平无奇，但对你很重要。然后，对于这个观念，你在1（含）～10（含）的范围内为你的坚定程度打分。现在，冒着会像爱丽丝掉进兔子洞般的风险，请试着挑战自己，花一点时间来质疑你的观念（这可能需要15分钟甚至几个小时的时间）。主动去寻找与你的观念相矛盾的证据，尝试寻找与自己持有的视角不同的其他视角。在这个过程中，要保持公正和开放的心态——设想你持有相反观念，并寻找证据来佐证你新拥有的观念。将这一观念代入现实进行事实验证：主动搜寻反驳你的观念的证据，寻找能挑战你的观念的不同视角。最后，请扪心自问，现在你对自己原本持有的观念有多坚定？你的观念改变了吗？如果答案是否定的，你能否更加清晰地了解为何其他人会秉持另一种观念呢？

那么，又该如何看待固执和坚持不懈呢？有趣的是，在维琳达·卡利亚（Vrinda Kalia）及其同事进行的一项关于认知灵活性的研究中，他们发现毅力（坚持不懈和韧性）必须与认知灵活性相结合才能达成高效能。那些不改变策略而只是试图用蛮力去解决问题的人，通常的表现并不理想。同样，那些能适应情况改变策略但很快便放弃的人也达不到预期效果。研究人员发现，唯有能将不断努力和适时放弃旧方法而尝试新策略结合起来的人才能真正表现出色。

认知灵活性的科学探索

认知灵活性是一种可训练的技能，这并非只是一种美好的想象。在 2018 年的一项研究中，得克萨斯大学奥斯汀分校的克里斯汀·勒加雷（Cristine Legare）和她的同事试图弄清楚认知灵活性的可学习性到底有多强。[8] 这是一种固有的特质，还是可以通过训练得来的能力？我们是否天生就具有认知灵活性，或者说，我们能不能进一步提高它？

为了探究这一问题，研究人员比较了美国和南非的 3～5 岁儿童，来观察认知灵活性在不同国家之间的差异程度。研究人员给孩子们进行了语言测试，随后发现虽然其他学习指标在两种文化中相对一致，但认知灵活性却表现出显著差异（美国儿童的表现优于南非儿童）。他们得出结论：尽管其他特质可能更为“固定”，认知灵活性在某种程度上是通过文化赋予的；这是我们通过教育被传授的东西，同样也可以自我习得。

通过一系列的干预措施（计算机训练、游戏、有氧运动、武术、瑜伽、正念以及学校课程），《科学》杂志的作者表明，可以在4～12岁的儿童中训练认知灵活性。[9]还有其他研究表明，成人同样有希望通过训练来提升认知灵活性。[10]在一项试验中，科学家为三个不同年龄段的群体提供了执行控制（运用复杂的心理过程来做出目标导向行为的能力）训练，参与者分别是8～10岁的儿童、18～26岁的青年以及62～76岁的老年人。研究发现，这三个群体的认知灵活性均可以通过训练得到显著提升。任务切换训练（在不同任务间转换）可以帮助各年龄段的群体提升认知灵活性的得分。这种效果在儿童和老年人中最为显著，但对18～26岁的青年同样有效。关键在于激发好奇心。我们需要保持开放的心态，主动寻找新的信息。是的，我们以为我们理解的地图路线是正确的，但现在我们发现错了。与其试图说服自己我们仍然是对的，或是与眼前的事实争执，不如敞开心扉，处理我们的新发现，找寻新的道路。因此，修正观念看似需要好奇心和实践的能力。那么，信仰又关乎什么呢？这将在下一章中详细讨论。

第13章
改变思维方式

我们看到的不是事物本身，而是我们自己。

——阿娜伊斯·宁（*Anaïs Nin*）

我们在日常生活中形成的细微、策略性的观念尽管有时改变起来可能会让人感到挫败，但调整它们实际上并没有那么困难。例如，你可能坚信本周《纽约客》杂志的纵横填字字谜游戏第13个问题（提示词为“beaming”）的答案是“shine”，但后来发现正确答案竟是“smile”。这类观念属于策略层面，在这一层面上，通过培养好奇心来锻炼我们的认知灵活性可以帮助我们更加有效地应对日常生活。然而，当话题转向那些深层次、根深蒂固的信仰时，情况就完全不同了。

信仰的内涵更加深远，意义更加宏大。它们是我们处理重大议题时所依赖的视角，是我们理解周围世界的态度。生命的意义何在？我们在这宇宙中是否孤单？我们应该食用动物吗？信仰是我们向世界传递道德立场、社会立场或政治立场的工具。信仰因为充当了所有这些角色，所以仿佛成了我们身份的核心部分。然而，这并不意味着它们总是精准无误或完全符合个人利益。

对自我信仰的重新评估是心怀意图地生活中困难但关键的一环。这使我们能够将新证据融入我们的世界观中。以“认为活煮龙虾是可以接受的”这一信仰为例，一项新研究表明龙虾能感受到痛苦（或者因为我们读了大卫·福斯特·华莱士（David Foster Wallace）的《想想龙虾》（*Consider the Lobster*）)，现在“活煮龙虾”变得不可接受。如果你对龙虾没有特别的情感，这看起来可能没什么大不了。但是，将“活煮龙虾”替换为最近让你火冒三丈的政治议题，你就会意识到，改变我们的思维方式是多么巨大的挑战。

修正信仰就像对我们人格的侮辱。如果“活煮龙虾”深植于我们的文化之中，我们可能对有关它们痛苦感受的最新研究毫无兴趣，可能不会将新证据理性地融入我们的信仰之中，而是选择忽视或愤怒。新不伦瑞克或缅因州的“龙虾老饕”可能不只是喜爱“活煮龙虾”——“活煮龙虾”可能是他们身份认同的一部分。因此，他们自然会优先考虑保留传统烹饪文化，而非动物权利活动人士想要的“龙虾利益至上”。而对于那些为龙虾权利进行抗议的活动人士来说，他们自然会将他们的对手视为自私自利、卑鄙无耻之徒。无论站在哪一边，我们都倾向于利用我们的信仰来保护和定义我们的身份。这是我们需要思考或至少需要质疑的问题：我们的信仰到底在多大程度上真正塑造了我们的身份？我们是否确信所有的信仰都确实对我们有益？

我们的信仰越是强烈或根深蒂固，我们进行理性讨论的可能性就越小，面对相反观点时的反应就越激烈。这个现象在我们的周围极其常见。政府常常试图用理性信息来改变人们的信仰，结果却让人们感到困惑和沮丧，因为很大一部分目标受众会更加坚定地抵制，仿佛他们根本不在乎真相。[1] 事实是，深植于心的信仰极难动摇。然而，直面自我信仰，同时也正视他人的信仰，是构建更有意图的生活的关键。

缓和极端信仰的技巧

尽管面对的挑战巨大，但仍然有众多组织正致力于改变我们对待他人信仰的方式。战略对话研究所（ISD）是一个非营利组织，旨在于全球范围内扭转两极分化、极端主义和虚假信息的传播。它并不是唯一一个这样做的组织。反极端主义项目、洛杉矶 LGBT 中心、深入游说研究所等组织也都在与 ISD 一道，努力优化我们的信仰体系和处理方法。考虑到我们的星球和社会面临的重大问题，如何协同应对各种信仰无疑是我们当前面临的最为重要的挑战之一。

> **三分之二的人承认，当自己的信仰受到挑战时，他们会有强烈的情绪反应。**

这一挑战的核心问题在于，当被迫改变甚或质疑我们的信仰时，我们可能会感觉到自己遭到排斥或被视为“异类”，从而对自己的信仰更加坚定。这些组织并未加剧问题并制造更深的分歧，转而采用了基于行为科学的影响技巧，比如一种经过充分验证的方法——深入游说。

深入游说起源于2012年，在洛杉矶LGBT中心，工作人员与加利福尼亚州的居民展开对话，想了解他们为什么会投票反对同性婚姻。这种方法强调创造具有同理心的对话、积极倾听以及分享个人故事，旨在建立真正的情感联系。其目的并不在于推销某种观点或强迫对方接受新的结论，而是旨在鼓励人们反思。虽然早期的证据显示，深入游说的效果好坏参半（包括一项因数据造假而损害了其声誉的研究），但最近的数据支持了深入游说的有效性。[2]不带有说服性但能够建立情感联系的对话能够帮助缓和甚至扭转极端信仰。深入游说确实有效，但关键在于游说者在对话过程中要保持一种非评判性的态度。[3] 2020年，耶鲁大学和加利福尼亚大学伯克利分校的两位政治学家组织了一次试验，他们派出230名游说者，走访了美国7个城市的选民。这些游说者的任务是与选民讨论美国人之间存在分歧的议题，比如移民政策和跨性别恐惧症，以期减少充满偏见的信仰。

在分析了 6869 次对话后，两位政治学家发现，促使选民重新审视热门议题的争论几乎无法改变他们的立场。然而，两位政治学家同时发现，不带评判意味的对话、简单的沟通交流就能够有效缓和偏执、极端的信仰。事实上，当研究人员在 4 个月后回访时，这种策略仍旧有效。这表明人们并不喜欢被动改变想法，但是，如果对他人有一定的亲近感，大多数人都愿意对他人有更多了解。这包括用开放的心态去理解他人的思考方式，进而帮助我们反思自己的思维模式。

市面上有很多关于如何改变他人思想的图书，在此我们想推荐大卫·麦克雷尼（David McRaney）所著的《争论与说服》（*How Minds Change*）——在该书中，他对深入游说及相关技巧进行了深入的阐述。我们非常想知道这些技巧能否用来改变我们自己的思维——在追求心怀意图地生活的过程中，这一点显得尤为重要。

深度内省，触及心灵

关于如何改变他人的想法，有丰富的资源可供参考。我们都希望能够说服自己的阿姨，使她相信使用微波炉不会引发癌症，或者让邻居明白宇航员登月并不是一场精心策划的骗局。但是，真正坦诚于改变自己的信念（尤其是信仰）的人寥寥无几——甚至很少有人愿意批判性地审视自己的观念或信仰。然而，对于那些确实想要更深入探索和审视自己信仰的人来说，改变他人思维的技巧同样可以应用于自己。

我们应该认识到人类是社会性动物，并应该以此为出发点。我们在进化过程中形成了和周围的人一致的信仰。我们依赖周围的人来保障自身的安全感和归属感，那么从进化的角度看，背离我们所接受的社会规范是危险的。[4]我们依赖社群是为了生存，在人类历史的大部分时间里，被社群排斥无异于被判了死刑。同时，仅仅因为属于某个特定群体而继承其信仰可能会推动我们过上非自主和不真实的生活，这可能引发个人和社会的异化。但我们无须彻底摧毁现状，可以从试着理解我们一些核心信仰的源头开始。

请深入探究你的某种核心信仰。不要从最深层的价值观开始探索，可以从更宽泛的视角出发。不用探究最激昂的政治信仰，选择一种你愿意开放地讨论的信仰（例如：我们应该食用动物吗？我们在这宇宙中是否孤单？人类天性向善吗？人工智能会使世界变得更好吗？）。明确你的立场，然后问自己关于这种信仰的几个问题：

- 你有没有过不相信它的时候？
- 与你亲近的人持有这种信仰吗？

- 那些持有不同信仰的人与你有何区别?
- 他们形成信仰的过程与你形成信仰的过程有何差异?
- 什么因素能够改变你的这种信仰?

这些问题可能会让你感到不自在，但它们能帮助你理解自己的思维过程。培养探究自我信仰的习惯，将来你就能够更深刻地理解与自己看法相异的观点。你甚至可能会将一些相反的观点纳入自己的信仰体系中。不过，请放心，这个练习的目标不是自我洗脑，而指向一种深入细致的思考，是向着更加有意图的生活迈进的一步。若要继续这个练习，请寻找那些在某个问题上与你持不同看法的人——不是为了说服他们，而是为了理解他们信仰的根源，进而更全面地洞察自己信仰的底蕴。向他们提出问题，在此过程中对他们的提问保持开放的态度。

在探索信仰的过程中，你可能会遇到与自身信仰紧密相关的情感。信仰本身具有情感成分，这使它们对我们产生了深远的影响，也让深入游说变得极其有效。对话是建立在情感之上的，因此，在你开始理解一种核心信仰如何形成时，尝试于情感层面洞察这种信仰：这种信仰满足了哪些情感需求（比如归属感、安全感以及联结感）？它是否有效地满足了这些需求？你认为那些在相关问题上持有截然不同信仰的人是否有不同的情感需求？如果这种信仰发生变化，你的情感又将如何变动？信仰的变化及其对我们情感的影响，引导我们深入探讨下一部分——质疑后果。

信仰之路，获益匪浅

尽管关于何为“良好信仰”有许多哲学观点，但信仰能够在多大程度上准确反映世界无疑是评估的核心要素。然而，人类并非没有感情的真理机器，也无须刻意追求这一点。真理有时候非常有用，例如在极度陡峭的双黑钻雪道上滑行时，了解是否有冰块隐藏其中（关乎观念）是至关重要的。但有时候，坦率地说出真相并非最佳选择——比如，向岳母坦诚你对她做的咖喱茄子的真实看法可能不是个好主意。因此，对自我信仰的评估应该包括我们从中获得了什么，它们如何在某种程度上支持我们的自我意识或身份认同，以及它们如何满足我们的情感需求。

请根据前面的练习列出你所持有的信仰，并问自己几个问题：这些信仰会带来什么后果？如果持有其他信仰，会有什么不同的后果？如果某种信仰会对自己或他人造成伤害，那么重新评估这种信仰的价值和必要性是很有意义的。同时，可以扩展我们对“伤害”的理解，“伤害”不应局限于负面事件的发生，也应包括积极效益的缺失。举例来说，有些人坚信“当儿童感到不安时，不应该安抚他们，而应该以此来锻炼他们的坚韧”，他们深信这种做法不会直接造成伤害，而且可能深信这是对儿童的正确教育方式，但实际上，这种做法可能是有害的。

改变他人的信仰本就不易，改变自己的信仰更是难上加难。然而，这是一段值得踏上的征程。通过对周遭世界（以及我们的内心世界）更加细致和全面的理解，我们能够突破障碍，以开放而非敌对的态度面对挑战和目标。在我们一起探索如何更好、更真实地了解自己这一过程的尾声，希望你能记住：重新评估你的信仰并不是要摆脱“错误的想法”，而是要与你自己、与集体以及与你所在的世界进行持续的对话。这种对话植根于好奇心、同理心，以及超越一系列环境因素的成长意愿。换句话说，这正是真正的生活意图。

第14章 共融信念之光

当你发现自己和大多数人站在一边时，就需要停下来反思了。

——马克·吐温（Mark Twain）

阿希从众实验是有史以来最著名的心理实验之一。心理学家所罗门·阿希（Solomon Asch）向一群参与者展示了几组线条，[1]参与者需要依次说出哪条线与目标线长度相同。

请看下面的例子，并自己做出判断：右侧三条线中，哪条与左侧的目标线长度相同？[2]

这很简单，对吧？然而，每个试验组中只有一位真正的参与者，其他人都是“托”——受雇来扮演参与者的演员。阿希会先询问这些演员他们认为哪条线与目标线长度相同，最后才让真正的参与者回答。在对照组（没有说谎的演员）

中，错误率不到 1%，几乎每个真正的参与者都能正确判断哪些线条与目标线长度相同。但当这些“托”被告知要故意给出明显错误的答案时，真正的参与者竟然有高达 37% 的概率会随大流，即使“托”给出的答案明显是错误的（再去看看那些线条吧！）。60 多年后，阿希的话仍然适用：“那些聪明、善良、年轻的人愿意将白的说成黑的，这是一个令人担忧的问题。”[3] 如果你曾因不想表达与集体相悖的意见而保持沉默，那么你就亲身经历了这一现象。60 多年前我们容易受同龄人影响，现在我们依然容易被同龄人左右。

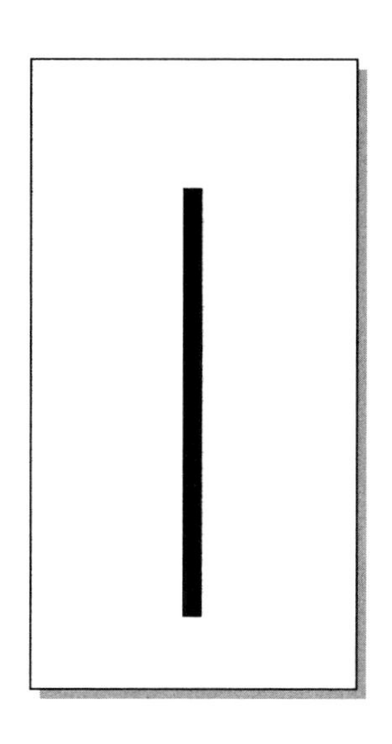

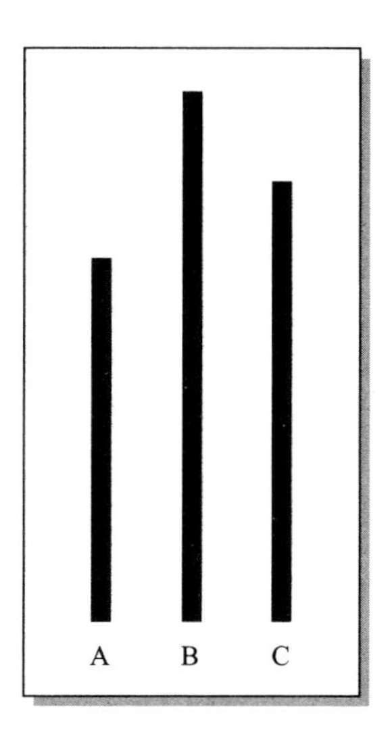

双智合璧未必胜

2010 年，奥胡斯大学互动思维项目的研究人员开始探索：与和他人合作思考相比，单独思考更有效还是更糟糕？[4] 与阿希从众实验类似，他们使用了感知决策任务，参与者需通过视觉辨识出正确答案。由于参与者的视力条件不同，他们在确定正确答案的能力上表现不一，有的人每次都能正确判断，有的人则表现得比较差劲。

研究人员将参与者分成两人一组，预期这些小组的表现会达到其中视力较好者的水平。例如，如果小组中有一人的视力是20/20，那么他们的答案应该符合20/20的水准。有趣的是，当双方的视力水平相近时，小组的整体表现往往会超过单个成员的表现（两个能力相当的人会共同努力，使彼此表现更佳）。然而，当视力非常好的人和视力较差的人组队时，整个小组的综合表现会下降。尽管搭档拥有完美视力，视力较差的个体参与者会对最终结果产生负面影响。

为什么拥有完美视力的人与视力较差者组队时，他们的表现反而更差呢？原因在于，团队效能并非总是大于个体之和——尤其是团队中的个体能力存在较大的差距时。巴赫拉米（Bahrami）和我们探讨此问题时特别指出，在没有可供参照的外部标准，我们又只能依据对事物的主观感知来判断时尤其如此。比如，业余足球比赛中有两名裁判，或者有一群医生在看X光片，在这些情况下，我们更容易受到团队中能力较弱者的影响。因此，在重要的决策过程中，特别是当具有不同知识与专业等级的人员共同交流时（例如在公司董事会中），我们应当保持警觉。[5]

群体信仰：破局的新篇章

当人类处于群体环境时，这些群体就会表现出“涌现性”——“涌现性”源于系统的复杂动态。以鸟群的飞行方式为例，单只鸟可能以相当笔直的方式飞行，但当鸟群达到一定规模后，它们表现出的飞行行为无法通过仅分析任何的单一成员来解释。

对于信仰而言亦是如此。我们可以将一个组织视为个体的集合，而群体信仰的形成与鸟群的飞行方式相似，不仅仅是个体成员行为的结果，更是成员间的互动和整个系统的产物。

群体中的人各有习性。如果你参与过学校的小组项目，你可能对社会懈怠这一现象并不陌生。这种现象指的是我们在群体环境中付出的努力往往比单独行动时要少。在更广泛的社会层面上，群体行为可能引起“公地悲剧”，即行动缺乏协调导致过度利用共有资源，直至资源枯竭，比如干旱地区的个别农民过度利用地下水或河流。而在办公室里，我们可能会受到群体思维的影响，即为了避免冲突而形成一个不尽如人意的共识。

我们并不是要否认共同信仰的积极方面。毕竟，正是在群体的怀抱中，我们得以参与家庭的传统活动，或携手期盼着今年看到蒙特利尔加拿大人冰球队重夺斯坦利杯的辉煌（终于！）。然而，我们也不能忽视共同信仰所潜藏的力量——它的阴暗面。仅需对当下的政治两极分化和极端主义稍作观察便能见证这一点。在某些极端环境中，群体信仰甚至可能导致原本理智的个体沦为邪教的俘虏，或是做出令人骇然的暴力行径。遗憾的是，我们作为群体所拥有的那种超乎寻常的力量——共同的意志，并不总是具有向善性。人们很容易受到群体情绪的影响，比如被恐惧、焦虑或是错误的信息所左右。

糟糕的群体信仰是当代社会面临的一项最大问题。这不单会诱发不当行为，更在需要群体采取行动时导致行动停滞不前。我们常常在群体信仰体系面前深感无能为力，尤其是当我们深陷于互联网回声室的时候。幸运的是，我们确实能采取一些措施去预防个人对他人信仰的盲目追随，并能够为群体建构一个更加积极健康的信仰体系，就像我们发展健康的个人信仰一样。但在深入探讨如何实现这一目标之前，我们先要理解群体思维是如何运作的。

> 将近一半的人在面对大多数人的意见时会明显感到压力，即便他们自身的想法与这些主流意见相悖，这种压力也会迫使他们顺应普遍观点。

集思广益还是群龙无首

为什么我们在集体中做决策时会犹豫不决？当人们聚在一起时，我们容易受到各种社会动力学的影响，比如社会等级制度和对归属感的需求。很多时候，我们想要取悦他人或者融入集体的愿望会导致我们做出不理想的决策。

群体思维概念始于 20 世纪 50 年代，但直到 20 世纪 70 年代，耶鲁大学的研究员欧文·贾尼斯（Irving Janis）才将其推广普及。贾尼斯借助群体思维理论，解析了包括珍珠港事件中的预警失误及猪湾事件（也称吉隆滩之战）的灾难性失败在内的多起集体决策失误案例。[6]贾尼斯认为，群体思维是“当人们投入了大量时间和精力参与一个有凝聚力的群体，处于这个紧密团结的群体中时，他们所采用的一种思维方式，其特点是对达成共识的追求超越了他们对各种备选方案进行现实评估的动力”。[7]当我们陷入群体思维时，由于受到同群体保持一致的压力，我们会失去清晰的头脑和道德判断力。这种思维模式通常会在我们感受到迎合群体观点的压力，或处于一个过度一致的群体中，或当群体成员为了维护他们已做出的决策而为之共同编造理由和借口时显现出来。

群体思维盛行的工作环境带来的后果，远不止向客户交付毫无亮点的成果或错误裁员这么简单。就像贾尼斯在他的开创性研究中提到的，许多全球性的悲剧和灾难本可以通过鼓励积极的异议文化而避免。1986 年美国航空航天局（NASA）挑战者号航天飞机的爆炸就是一个例证。

臭名昭著的挑战者号航天飞机爆炸，以及由此造成的 7 名宇航员的遇难，很大程度上是火箭助推器的一处泄漏所导致的。[8]事后的调查发现，火箭助推器还在发射台上时就有浓浓的黑烟冒出。泄漏的根源在于一个用于密封火箭助推器接口的小型柔性橡胶圈，即O形环。众所周知，这种O形环在低温条件下会失去弹性。

在36华氏度的寒冷早晨发射火箭——这个温度比O形环正常工作的最低温度低了17华氏度——高级决策者在决定发射时并没有意识到这个细节会造成潜在风险。然而，地面工作人员没有忽视可能存在的风险。在挑战者号起飞前12小时召开的新闻发布会上，他们曾指出低温带来的风险，以及O形环失效的可能性。晨检时发现了发射台上形成的冰柱，而它们可能造成的后果尚不明确。并不是关键决策者主动忽视了这些警告信号，而是他们根本就没有获得关于这些风险的信息。任何发射准备报告中都没有与这个高风险的O形环有关的任何信息。

由前国务卿威廉·P.罗杰斯（William P. Rogers）领导的罗杰斯委员会负责调查这次致命发射的原因，他们发现了一系列技术和通讯问题，比如O形环的风险，这些问题导致了灾难的发生。官方结论将事故原因定性为非技术性原因，认为是NASA的决策过程存在失误。[9]尽管许多NASA员工都意识到了风险，这些信息却从未被传递到最高层——NASA展现了一种危险的被群体思维裹挟的文化：没有人发表言论，对决策提出合理质疑。

那么这种情形是如何发生的呢？大卫·洛克鲍姆（David Lochbaum），一位核工程师，同时也是忧思科学家联盟核安全项目的前任负责人，对由组织失误引发的核灾难进行了调查。他在《纽约时报》的采访中提及："随着你在组织中的地位提升，上级提出的问题会越来越棘手，同时这些上级对你的职业未来拥有越来越大的影响力。"[10] 面对权力，集体往往觉得需要给出统一的答案，这是一个压力重重的过程——微小的疑问很容易就被打消，代之以团结和胜任的表象。

多年来，与我们合作过的大多数组织在集体决策过程中都表现出了类似的群体思维迹象。虽然风险一般不会像航天飞机发射那样高，但对组织来说，后果可能极其严重。出于好意但被误导的领导者乐于奖励一致性和成功，且往往会绕过或者压制异议。

即便是那些声称想要听到不同声音的人，也并非总能做好应对其后果的准备。诚然，持有异议的人有可能挽救组织于危难之中。但大多数情况下，异议不会带来实质性的改变。贾尼斯本人便指出，对抗群体思维的负面影响可能包括"在日益严峻的危机迫切需要快速解决方案时，进行旷日持久且代价高昂的辩论"。[11] 领导者需要准备好接受那些逆流而行的人，即使这些人在短期内没有获得实质性的成果。如何做到这一点呢？要为员工营造一个安全、包容的环境，并采用相应的工具来对抗群体思维的影响。

心理安全初阶指南

当今人力资源领域最热门的议题之一是心理安全。这个议题之所以重要，是因为它能够让我们更有效地完成工作。在心理上感到安全的环境里，员工不会因为提出与集体观念不同的想法而担心遭受反击，也不用担心在内部报告中纠正经理的错误会遭到处分或同事的白眼。

艾米·埃德蒙森（Amy Edmondson）是哈佛商学院的教授，也是心理安全运动的领军人物。她解释说，心理安全的力量来自“团队成员共同持有的一种信念，即认为在团队中承担与人际关系相关的风险是安全的”。[12] 在成功维护这种信念的文化中，真实的观点永远不会因为担心名誉受损的风险而遭受削弱。为了创建全员心理安全的组织，领导者需要减少个体在这些情境中可能感到的风险。埃德蒙森通过电子邮件向我们建议：同样至关重要的是，不要将心理安全视为首要目标。[13] 从本质上讲，心理安全必须始终致力于服务团队的既定目标（或者如我们所称，团队的共享意图）——它是实现目标的手段，而非目标本身。

消解群体思维的方法包括识别、鼓励异议、实施决策评估及设置“恶魔代言人”。

识别

正如刚才所述，消解群体思维的一个重要步骤是识别它。每个组织成员都应当清楚地认识到群体思维的危害性及其无所不在的性质。这一方法的步骤相对简单：组织的领导者可以分发一些教育性材料，比如贾尼斯关于该主题的著作，或是艾米·埃德蒙森关于心理安全的图书《无畏的组织》（*The Fearless Organization*）。[14] 为了确保相关内容不至于"左耳朵进，右耳朵出"，这些材料应每年至少回顾一次。更好的做法是，由领导团队公开讨论相关内容并以身作则。

鼓励异议

为了防范群体思维，成员必须感受到自己大可违背常规，即使并不是每次这样做都能挽回组织的利益。迈克在麦肯锡工作时，公司明确提出了一项核心价值观——"异议义务"。其理念是，不论你在组织中处于何种级别，如果你认为某个决策有误，你就有义务举手提出异议。尽管有这样的规定，提出与主流观点相反的看法仍可能是一件充满挑战和冒险的事情。领导者和同事可以通过感谢与表扬提出异议的员工来鼓励这种行为，即使——或者特别是——这种异议最终没有带来改变。

实施决策评估

虽然通过诸如猪湾事件和其他著名案例来了解群体思维可能有所帮助，但我们可以在过去的组织决策中找到更具实用性和相关性的案例来研究。举个例子，考察一下你所在组织不久前做出的一个决策，并客观分析决策过程中的每一个环节。哪些人做出了贡献？达成结果用了多长时间？是否有人提出异议？如果有，他们的疑问是否得到了认真的考虑和回应？这种做法在回顾过去的失误时尤其有价值，但要注意，整个过程不应聚焦于指责——其目的在于审视导致不良后果的内部社会结构，而非指责任何个人。

在军队中，军人使用一种类似的工具，称为行动后反思（AAR），即在行动结束后不久对流程、决策以及结果进行回顾。定期运用 AAR 能帮助军队避免重复错误。成功地从 AAR 中学到精髓并应用的关键，并不仅仅是提出改善措施，而是将其融入流程。关于去年任命一位代理首席财务官的决定，如果更多的员工详细了解了相关信息，任命是否会更顺利？如果答案是肯定的，那就制订一个确切的计划来增加未来领导层决策过程的透明度。

你还可以通过进行预先剖析（pre-mortems）来防止代价高昂的错误。想象未来某个项目已经彻底失败，让团队讨论可能导致失败的原因。展望未来，而不是回顾过去，能够有效消除个人的自尊心带来的干扰。对于一个尚未发生的事件，没有责备之说！

任命“恶魔代言人”

我们常将“恶魔代言人”的角色误解为那种认为自己比别人都懂的坐在讲堂前排的烦人新生。然而，如果有意图地运用，这一角色实际上可以作为一种战略工具来对抗群体思维——只需要指定一名决策者，甚至是一个小组（有时被称作“红队”），来质疑当前的决策。如果每个人都对某项决策毫无异议，特意让某人持相反意见可以促使团队于决策过程中更深入地审视那些可能因追求团队一致性而被忽略的缺陷。但是要注意，不要总是让同一个人来扮演这个角色。没人愿意一直被贴上“恶魔代言人”的标签。

无论采取何种方法，积极对抗群体思维对组织决策过程而言极为关键。当思维步调一致时，我们很容易陷入各种不利的偏见。强调群体思维对组织可能带来的伤害，可以促使领导层确保决策的制定基于最佳实践而非集体压力。

在社会环境中，这些工具在限制群体思维方面也很重要。在我们写这本书时，世界各地每天都在测试言论自由的界限，而在某些环境中，心理安全越来越难以获得。通过在各种应用场景中积极运用这些工具，我们展示了对明确提出心理安全、对异议持更加开放的态度、评估决策以及容许“恶魔代言人”存在的需求如何让所有人的行为和决策变得更加有意图，使我们无论在何种情况下都能更积极有效地与他人交流互动。

第 4 部分

诚 实

第15章
践行我们的价值观

尤其要紧的，你必须对你自己忠实；正像有了白昼才有黑夜一样，对自己忠实，才不会对别人欺诈。

——威廉·莎士比亚（William Shakespeare），

《哈姆雷特》(*Hamlet*)

弗雷德·罗杰斯（Fred Rogers）——或许大多数人更熟悉罗杰斯先生这个名字，是美国最著名的儿童电视节目主持人。从1968年到2001年，他录制了1000多集《罗杰斯先生的街坊四邻》（*Mister Rogers' Neighborhood*），改变了几代孩子的生活。他获得了40多个荣誉学位。最近汤姆·汉克斯（Tom Hanks）在一部电影中扮演罗杰斯，来纪念这位深受爱戴的人物。[1]

很多人都将罗杰斯视为一个永远善良、道德高尚、坚定不移的精神巨人，但这是他塑造的形象，并非与生俱来的。20 世纪 50 年代，罗杰斯正在学习，打算成为一名长老会的牧师。他看到一档儿童电视节目，节目中的成人互相扔馅饼，试图逗笑年轻观众。他说不上来为什么，但这让他感到不悦。那个节目似乎忽略了某些核心特质。正如他后来表达的：“我看着这个被称为电视的新奇事物，我看到人们在电视上对着彼此的脸扔馅饼，我心想，‘这本可以是一个绝佳的教育工具啊！为何要这么使用它呢？’。因此，我对我的父母说——‘你们知道吗？我觉得我可能不会马上去神学院了。我打算先进入电视行业。’”[2]

罗杰斯意识到，他所观看的节目与自己的世界观、所珍视的价值以及他所期望看到的内容不相符。他坚信电视能成为一种强大的工具，极大地改善儿童的生活。在随后的十年里，他逐渐明确了自己对尊重、宽容和追求卓越的价值取向，并且努力产生一些能给世界带来改变的创意。他的诚实不仅激发了他的意图，也成为他实现目标的支撑力量。虽然他可能没有通过他的工作积累巨大财富，但他打动了数百万人的内心，并持续对世界产生着深远的影响。

诚实：意图之源

我们讨论意图时，通常会关注健康饮食和职业成就等目标。这些目标对一般大众来说很重要——根据统计数据，它们很可能对你也很重要——但它们可能不是主要价值观。你最重视的价值观可能在于培养友谊、充分利用旅行机会，甚至在于尝试打破水下憋气的世界纪录——做最真实的自己！尽管我们的社会貌似对我们应追求的目标达成了某种共识，但没有人能替你定义你的价值观。在本章中，我们会探索如何确定什么对你最重要，但我们要先来探讨价值观与诚实的关系。

诚实是根据自己的信念来行动。言行一致，说到做到，为自己认为正确的事情站出来——这些都是诚实的典型表现形式。

诚实之所以能成为意图的五大核心要素之一，是因为如果对自身的价值观一头雾水，我们就无法实现有意图的行动。为了让自己的行为有意图，我们必须先明确自己想要什么，以及为什么想要。只有在理解了自己的价值观之后，我们才能致力于在日常生活中将这些价值观体现出来。这与我们对世界的参与程度紧密相连，而这将话题引回人们参与度降低的问题上。如果人们日益增加的疏离感与对价值观的迷茫——或者对价值观的实践方式——有所关联，那么我们又该如何应对呢？

如何辨识价值观

在《纽约时报》广受关注的文章《道德遗愿清单》中，

文化评论家大卫·布鲁克斯（David Brooks）深入探讨了那些自然而然就散发出“内在光芒”的人。[3]这些人并不一定在社会上获得了巨大成功，他们也许有着不同的背景、生活方式，来自不同的职业领域。他们展现的，正是布鲁克斯所称的“悼词美德”。当我们离世时，我们的亲人不会颂扬我们的工作成就或高分成绩，反而会谈论我们的核心个人特质：我们的耐心、勇气或慷慨。这些对个人特质的定义构成了我们的悼词美德。辨识悼词美德的难点在于，我们往往被推着去追求“简历美德”。布鲁克斯的解释是，简历美德指“你为市场提供的技能”。我们因高效等特质而获得大量赞赏，但按时完成工作只是我们个人特质的表面呈现。虽然将高效等特质融入自我观念会让人感觉良好，但不要忘记去好好培养那些在我们离世后仍然决定我们是什么人的特质。这也许意味着我们要先识别这些特质。

请做一项个人练习：想象一下，今天是你的百岁大寿，你的家人、朋友以及同事环绕在你周围，庆祝你一生的成就及点滴。请花点时间去想象，在这个派对上，你希望这些与你相伴一生的人怎样描述你？期望他们如何赞扬你？如何对你报以感激（也许还跟你开一些友善的玩笑）？请闭上眼，设想这一场面。也许是一个阳光明媚、微风和煦的日子，你们在户外野餐。所有你爱着的和你尊重的人都聚在一起，倾听你一生的故事，接

> 着，你最亲密的家人和最好的朋友陆续站起来，向你敬酒。你希望他们说些什么呢？你希望他们提到你的好奇心和不竭的学习渴望，还是你的信念和诚实呢？你希望他们谈谈你如何帮助了许多人，或者如何成为他人生命中的灵感之源吗？

这项看似简单的练习实际上蕴含了深刻的意义。通过几分钟的深思，可以帮助你明确：你珍视自己的什么特质？你最欣赏的让你出众的特质是什么？你可能会对自己的发现感到惊讶，对自己的生活态度和生活方式有更清晰的认知。

本书接下来的部分将通过更多的练习帮助你进一步识别出自己的核心价值观，这些价值观应当成为你日常生活行为

和做出重要人生决策的指导原则。清晰认识这些价值观是构建诚实生活的基石，从而让你能够有意图地行动。

诚实养成之路

在接下来的章节中，在探究自身价值观的过程中，请你始终铭记，价值观正如我们自己，会随着时间的流逝而发生变化。随着不断体验这个世界，不断获得新的视角，我们对于正确与错误的理解也在不断进化。这样的变化并不意味着我们曾是道德上的失败者——变化往往是我们正在全力以赴的证明，就像我们对观念和信仰的探索一样，价值观的演变反映了我们学习和适应的能力。

> 90% 的人同意，他们的核心价值观随着时间的推移发生了变化。

诚实的特质并非与生俱来的，而必须由我们积极主动地在内心培育。在培育诚实这种特质上，古代国王阿育王是优秀且全面的典范。

阿育王是公元前 3 世纪的印度皇帝，他经历了史上政治领袖在哲学观念上最彻底的变革。阿育王是孔雀王朝的创始人旃陀罗笈多（Chandragupta Maurya）的孙子，尽管阿育王有几个兄弟，但最终是他于公元前 269 年加冕为王。有谣言称他策划杀害了自己的兄弟，包括那位合法的继承人，目的是夺取王位。即位后，阿育王开始强势扩张他祖父的帝国版图。他征服了东南亚㊀的大片地区，[4]其征服之路残酷无情。但当他征服了羯陵伽国（Kalinga）的那一天，一切都发生了改变。

羯陵伽国位于印度半岛东部，这一地区不是基于君主制统治的，而是基于一种议会民主制统治的——在那个时代，这样的自由程度极为罕见。该地区的人口主要信奉佛教。阿育王的精锐军队轻松地征服了羯陵伽国，在征服的过程中杀死了10万多名羯陵伽国士兵，并将更多的人驱逐出境。

当阿育王踏足其新征服的土地时，他的军队引致的浩劫深深触动了他的内心。相传，当阿育王在新征服的土地上漫步之际，轻柔的诵经声使他驻足。那是僧人优婆毱多，正在诵念“Buddham saranam gacchami”，这句梵文咒语意为“我向佛陀寻求庇护”。阿育王询问僧人所念之言后对佛教产生了浓厚的兴趣，渴望探究这位僧人在面对彻底毁灭时所依赖的精神寄托是何物。

不久之后，在一次至今仍广为传颂的著名演说中，阿育王深刻反思了羯陵伽国之战给自己带来的心灵转变。他质问自己：“我究竟做了什么？如果这就是所谓的胜利，那败仗又

㊀ 原文如此，有误。

代表着什么？这究竟是胜利的荣耀，还是失败的耻辱？这是正义之举，还是违背道德之行？对无辜的儿童和妇女施以杀戮，这是英雄之举，还是懦夫之为？我的所作所为真的是为了帝国的扩张和繁荣，还是仅仅为了摧毁敌人、夺取他们的辉煌？”[4]

面对羯陵伽国的惨烈战败，阿育王皈依佛门，成为一位虔诚的佛教徒，并以更诚实和有意图的方式行事。为了弥补他过去的暴行所造成的伤害，他彻底改变了自己的统治方法，崇尚和平与共荣。他停止了帝国的扩张，开始为民众提供更优质的服务，比如建立医院和学校。他在印度半岛各地巡游，供奉佛像，以此作为对非暴力的坚持和证明。他甚至改变了东南亚[㊀]王权的性质——不再是“君权神授”，而是君王按照个人意愿自由统治。

阿育王的不朽遗产

虽然阿育王去世后，孔雀王朝仅维持了约 50 年就土崩瓦解了，但他的遗产远比孔雀王朝的延续更具生命力。作为历史上最具影响力的领导者之一，他至今仍被人们铭记，且影响力依然强大。在皈依佛教之后，阿育王创造了阿育王轮——正义之轮。阿育王轮被视为印度的国家象征。你可能

㊀ 原文如此，有误。

见过它：1947 年印度独立后，阿育王轮一直放置在印度国旗的中央位置。

阿育王轮本身象征着诚实。24 根辐条的每一根都代表着一种独特的美德，这些美德跨越了宗教、语言或种姓的界限，彰显了普遍存在的权利与责任。这些辐条包含的价值观有和平、宽恕、博爱、奉献和正义等——即使这些价值观不会为我们赢得任何奖项，也会在我们离世时被铭记和赞扬。它们均源自一个共同的中心——虽然周遭万物旋转变化，但该中心始终稳定不动。

尽管变化是永恒不变的法则，但保持一个坚定的核心有助于我们确保自己的前行方向与真实的自我一致。思考一下，哪些价值观构成了你人生车轮的辐条——记住，这些价值观可能会变化与转换，而你的核心却应始终如一。

你还要明白，通过全心全意地践行自己的价值观，你可以激励他人也跟随你的脚步。我们或许不会有机会在战乱地区护卫和平，或者传播某一种社会理念，但我们都能在自己生活的这片土地上促成变化。通过弘扬我们有意图的价值观，我们可以帮助他人发现他们的价值观，并帮助建立他们自己的诚实感。

第16章
如何明辨你的价值观

唯有审视自己的心，你的愿景方能浮现。向外看，是梦幻；向内看，是苏醒。

——卡尔·荣格（Carl Jung）

年轻的软件工程师阿妮卡（Anika）在一家处于行业前沿的科技初创公司工作。这是她大学毕业后的首份工作，她准备在这里大展宏图。每日踏入办公室，她会倒上一杯热气腾腾的咖啡，随后坐于桌前。随着办公室的喧嚣逐渐消散，她完全沉浸于自己的代码之中。她的世界宛如函数与算法的矩阵，徐徐展开。

阿妮卡为之奋斗的公司是美国炙手可热的初创公司之一。人人称它或许是下一个价值10亿美元的独角兽公司。办公室的空气中充盈着乐观情绪，犹如静电般积聚在一起，只需片刻你就能感受到。他们正为一些极具挑战的事业而全力以赴，或许终将取得成功。

几年前，阿妮卡作为应届毕业生加入公司，那时的她热情洋溢。如今，她难以置信自己已小有所成，一切宛如梦幻。但随着岁月流逝，疑虑逐渐萌生——她正在开发的产品已经偏离了最初加入公司时所抱有的宏伟愿景，偏离了初衷，变为他物。她开始觉得这份工作或许仅仅是在为投资者掠夺利益。她可以暂时搁置这种疑虑，但无法视而不见，她深知这份质疑埋藏于心中。最初对于编码和项目的深爱如被大雾吞没的灯塔般渐褪。阿妮卡目睹这一切正在发生，但她仍怀揣着炽热的雄心壮志而坚持努力。

“也许，这种情况很正常”，她自语道。或许这就是现实世界的运转方式。毕竟，几年后，她将晋升为高级工程师。这份工作确实蚕食了她的社交生活，使她无暇约会或培养爱好。然而，这就是成功所需的代价，不是吗？这难道不是成为高效能者必须承担的代价吗？我们每个人在某个时刻都会如此行事，似乎依从这种现实是正确的，即使我们的直觉和研究都表明事实并非如此。

我们的这本书始于讨论疏离感——你认为阿妮卡处于疏离状态中了吗？看起来似乎并非如此——她一如既往地高效，即使是经验十分丰富的经理也会在做出此类判定时踟蹰不前。因为疏离是一种感觉，而不一定是一种行为。表面上看，阿妮卡可能是世界上表现最佳的工程师，但只有她自己明白，与自身标准相比，她的表现有多出色。唯有她了解，于她而言，高效能意味着何等表现。关键在于，无论我们是否花时间去探索自己的价值观，它们都会潜移默化地影响我们对世界的感知和所做的抉择。

让我们更为直接地来面对吧。无论取得多大的外在成就，我们都有可能陷入疏离状态。疏离感可以通过我们的价值观系统渗透出来。不能按照我们自己的优先次序来生活和做出计划，是对我们自我完整性的侮辱——从长远来看，我们很难与之和解。我们可以“务实”地处理眼前的事务，但这种方式终将反噬我们，原因很简单：我们没有实现自己的目标。我们用便捷的目标，甚至可能是社会期望我们实现的目标，替代了真正的目标。然而，如果它们并非我们真正追求的，那么我们就会与自己的生活产生疏离感，我们也就不再会是自己生命中的主角。

疏离感是一种警示，暗示我们或许需要对自己的价值观进行澄清。这个过程是一场了解那些驱动着你的优先事项的旅行。不仅仅是那些你选择的优先事项，还包括那些你花费时间的方式所反映的优先事项——更重要的是，花费时间的方式让你产生了怎样的感受。通过价值观澄清，我们能更好地认识自己，从而更好地引导我们的日常选择和人生道路。无论是在组织变革管理[1]还是医疗保健领域[2]，事实证明，价值观澄清或价值观调整能够极大地改善决策过程与结果。然而，尽管其重要性不言而喻，大多数人却觉得我们无须多此一举。为了探究这种直觉背后的原因，为了明确我们该如何打破这种观点的桎梏，我们可以转向人工智能领域——在这个领域，价值观澄清是一个极其重要且紧迫的问题，甚至可能构成生存威胁。

人工智能映照下的价值观迷局

人工智能蕴含着神秘的无尽深邃。虽然人类（乃至其他生灵）早已进化到能够利用工具达成所愿，但我们从未真正拥有过能自主决定如何分配任务的工具——人工智能在真正意义上夺取了人类的自主意志。人工智能越来越独立，越来越不需要我们，这使它与那些必须由人类亲力挥舞才能工作的锤子或锯子有着本质的不同。人工智能在我们的视野之外做出自主决定，更令人震惊的是，其行为之迹往往远超我们的领悟之境。

人工智能的独立性日益增长，这意味着它对我们输入内容的依赖越来越少。然而，在输入量发生变化的同时，如果我们希望人工智能真正成为一种有用的工具，那么输入的质量必须提高。这就是人工智能的价值观对齐的作用所在——确保意图与随后的行动相一致。正如挥动锤子必然在摆动方向上产生巨大的力量，人工智能的复杂性意味着意图与行动之间可能存在巨大鸿沟。因此，确定人工智能行动的优先次序至关重要。而当我们定义优先次序时，我们也在定义一套价值观体系。

人工智能的价值观对齐指的是构建出能够按照创造者的目标和利益行事的人工智能——然而，实现这一目标非常、异常困难。先想象一下，你必须将整个人类的价值观凝练成一套可赋予人工智能的单一价值观体系。这就像将《蒙娜丽莎》压缩成一张10×10像素的图片一样。大致轮廓或许仍在，但决定性的定性细节已然消失。当然，还有处理价值观体系冲突的难题。你如何将这些相互冲突的价值观体系转换为编码？即便你确实已设法将所有这些自相矛盾的复杂内容转化为了一个简洁的清单，你又该如何将该清单转化为一系列具体规则和优先事项？换言之，人工智能的价值观对齐的一大挑战在于梳理价值观。

为了更生动地描述这种挑战的难度，让我们借用尼克·博斯特罗姆（Nick Bostrom）在《高级人工智能的伦理问题》中提出的经典思想试验，该试验揭示了人工智能的价值观对齐失准隐含的风险。[3]博斯特罗姆让我们想象一台具有高水平人工智能的机器，它内置程序的唯一目标是生产回形针。这台机器只有这一个目标：生产回形针。其他一切都被视为达成这个单一目标的工具。

这台机器或许会先提出一些简单的建议来优化当前回形针的生产流程。随着持续学习，它可能会提出一个全新的生产流程，生产速度是之前的10倍。然后，当变得比人类更加娴熟时，它可能会开始不经询问就实施新策略。实际上，如果这台机器的程序不含有尊重人类生命的代码，我们再假设它对环境有足够的控制权，那么最终它会开始利用周围的一切资源来生产回形针。唯一合乎逻辑的结论是，这台机器最终会尽其所能，将所能触及的宇宙部分都变成回形针。这并非一台失控或有故障的具有人工智能的机器，它只是在执行自己被指示要做的事务。尽管这也是“对齐”，但问题并非在于人工智能与其被赋予的价值观不符。相反，问题在于它并没有被赋予一套细致多样的价值观体系，这套体系应该体现其创造者的价值观，比如不要将小狗变成回形针。

另一个更贴近现实的例子来自日益流行的自动驾驶汽车的概念。如果你正在为这些汽车编写程序，那么你就会面临一个令人不快但至关重要的任务：决定事故处理程序。当然，首要考虑的价值观是显而易见的：人们在车祸中丧生是不幸的。但是，汽车应该如何完美实现减少人类死亡的目标呢？难道程序应该让汽车为了避开行人而转向另外一侧，即使这样做可能会撞到附近的树而危及司机的生命？如果车上还有其他乘客，或者过马路的行人是一群孩子呢？将我们的价值观简化为一组指令，往往不足以体现出现实世界的复杂性。

这些并非仅仅是技术问题。虽然它们与技术相关，但本质在很大程度上是非技术性质的。它们涉及价值观澄清。人工智能的价值观对齐问题实际上聚集于澄清人类的价值观上。我们应该如何引导人工智能去做一些甚至我们自己都尚未完全意识到的事呢？告诉人工智能“不要为了生产回形针而伤害生物”或者甚至“永远不要伤害人类”（符合艾萨克·阿西莫夫提出的著名的“机器人第一定律”）？这些指令似乎显而易见或者说微不足道，然而，这些指令无法充分反映我们人类价值观的所有微妙差异。它们无法应对复杂情境，例如自动驾驶的汽车需要选择撞击哪一组行人这样的复杂情境。

所有这些对于我们对诚实问题的讨论都至关重要，因为人工智能的价值观对齐可以揭示一些关于人类诚实的重要事实：

- 如果你想以诚实为准则而非单纯追求随意而定的优化目标，比如生产回形针或升职，你就需要确立一套清晰的价值观体系。
- 价值观的澄清绝非易事。每个人的价值观体系都极其复杂、矛盾，有文化依赖性和情境特定性。你是唯一能够为自己解读这些价值观的人。
- 虽然我们的某些价值观是明确且易于转化为编码的，但有些价值观可能难以察觉，甚至会让我们讶然。

如何辨识自己的价值观

我们大多数人都声称了解自己的价值观体系，但它很可能比我们所知的更为混沌。如果我们的价值观在指引着我们的日常行为（它们也确实应该如此），那么我们把大部分时间投向了哪些价值观呢？无论我们倾向于宗教价值观抑或世俗价值观，大多数人都或多或少地在一些基本原则上达成了共识。我们恪守经典原则：不杀人、不偷盗、不欺诈。但我们的价值观远比简单的“不杀人”更为深奥微妙。

如今，我们无须急于决定哪些价值观将主导我们的决策直至生命尽头，从而创造出一份在我们离世后仍将长久存续的“无定额遗产”。让我们简单一点，从基础开始：何谓价值观？

1987 年，社会心理学家谢洛姆·施瓦茨（Shalom Schwartz）教授和沃尔夫冈·比尔斯基（Wolfgang Bilsky）教授做了一次文献综述，旨在找出答案。基于以往的大量研究，他们得出结论，价值观是：“①概念或信念，②关于理想的最终状态或行为，③超越特定情境的，④指导行为和事件的选择或评价，⑤按相对重要性排序。”[4] 简而言之，价值观是我们坚守的信念，它们超越了一切特定情境，并决定了我们所做的每一个选择。

既然已经理解了价值观的本质，我们现在可以转向价值观澄清——明晰我们内心的真正价值取向。将这个过程视作一次持续发展的旅程，我们要界定那些我们珍视的事物（也就是对我们而言何谓重要），以及我们如何在日常生活中根据这些价值观采取行动。[5] 为什么尽管你重视家庭生活，但频繁在办公室加班？为何你把健康置于重要位置，却常常会跳过午休时的散步？通过价值观的澄清，可以揭示我们决策背后的“真正动机”（无论是搬迁到新城市还是选择早餐吃什么），这种清晰性让我们更加敏锐，更能以诚实行事。

确定个人的价值观可以从使用价值观分类工具开始，这比较简单（比如我们在第18章中讨论的价值观分类练习）。如果你已经有一年或更长时间没有澄清你的价值观（也就是用语言表达你深信的信念）那么请重新审视它们。和我们一样，价值观也在不断演变。然而，还有另一种适用于个人的澄清价值观的方法，那就是借鉴丰田汽车公司的一种提问法——“五个为什么”。

大野耐一是赫赫有名的丰田生产方式的创始人，他创立了“五个为什么”的方法，用于深入探究生产事故的根源。仅仅将发动机部件故障归因于机器制造不当是不足的。他鼓励员工通过连续追问五次“为什么？”来探索那些无法规避的问题，每一次都要深入挖掘前一个答案背后的原因。[6]通常五次追问足以找到根本原因，而根据不同需要也可适当增加次数。

将这一方法从车间迁移应用到个人行为上，可以从一个简单的日常动作开始。当你连续追问五次“为什么？”时，务必深入探究，每次的回答都要经过深思熟虑——尽量避免草率下结论；消除对自己行为背后原因的任何先入为主的观念，以便真正触及深层的价值观。通过“五个为什么”方法，我们可以逆向推导出我们的价值观。

> 你可以尝试一下，找一件你经常做或深信的事情（可以是简单如按时刷牙或只用喜欢的某种洗发水，也可以是复杂如不吃肉类或选择阅读某类图书），然后反问自己为何会这样做或坚信这件事。先记录下你的初始答案，接着逐层深入地追问为何会如此。连续问五次，或许你会对自己探索出的发现讶然不已。

举个例子，为什么你不会去偷窃呢？或许你会回答，因为偷窃会伤害他人。但为什么这会造成伤害呢？是因为你侵犯了他们的个人财产？那为什么侵犯他人财产是不好的呢？因为每个人都有权拥有个人财产？这又是为什么呢？

有趣的是，当我们进行这样的思考练习时，或许会发现我们原本认为的某些属于个人的价值观实际上属于更广泛的价值观范畴。

- 社会规范：由我们生活其中的社会所制定和执行的规则。我们的许多价值观可能都植根于对这些社会规范的遵从——也许你并非真心崇尚一个衣着光鲜的社会，但你也不愿因为接受裸体主义而被社会排斥。[7]
- 情绪状态：短暂的情感会影响我们对优先事项的认知。例如，或许你支持环境保护，但当被强烈的旅行欲望击中时，你却愿意搭乘飞机而长途飞行。[8]

- 权威人士：我们往往信任权威人士，例如父母、老师、教练、老板、公众人物或宗教领袖。也许你对定期慈善捐赠深信不疑，因为你的父母向你灌输了这种价值观。[9]

即使个人价值观可以追溯到以上因素或其他外部因素，也并不意味着它们就是低劣或不好的。然而，理解价值观的根源是至关重要的。只有深入了解我们的价值观，我们才能有意图地确保我们的行为与这些价值观保持一致。

识别个人价值观至关重要，因此我们推荐另一种练习——名为“最佳可能自我”的练习，该练习已作为一种心理干预手段广泛运用于多种情境中。[10]在这里，我们将运用这一练习来厘清我们的核心价值观。

1. 想象：找一个宁静安全的地方坐下来，闭上眼睛，为自己设想一个尽可能美好的未来。你努力工作并实现了所有的人生目标。确保你所构想的未来是可以通过努力和奉献来实现的。

2. 细节：拿出一张纸，详细列出你在各个领域取得的成就——家庭、人际关系、爱好、职业、健康等。要尽可能具体。

3. 识别：完成后，思考一下这个未来版本的你拥有哪些价值观。未来的你最看重什么？未来的你支持什么？未来的你会如何安排每一天的优先事项？

4. 比较：现在来比较一下未来的你和当下的你分别拥有怎样的价值观。有没有什么大的差异让你印象深刻？

5. 行动：你认为你当下需要做出哪些改变，以使这两个版本的自己趋向一致？

关于价值观有一个常见误区，我们通常会将自己当前的价值观简单理解为我们渴望拥有的价值观。然而，正如前面的练习和后续章节所展示的那样，这种“想当然”并不总是成立的。

本章的总体目标是更好地了解自己的价值观体系，这是培养诚实的第一步。诚实的本质在于使我们的行为与价值观保持一致，然而，若我们对自己的价值观感到迷茫，这一目标便难以实现。确立自己的核心价值观能够让我们重新投入生活中去，创造出源自真实选择的幸福感和满足感，同时也有助于我们与他人建立更真实的关系。即使与他人的价值观存在分歧，这种中心意识也使我们能够基于善意和自信的立场（如我们在第 15 章中提到的阿育王轮的中心）找到与他人探讨差异之道。最终，通过更深入地理解我们的价值观，我们能更明晰地制订行动计划，如在复杂水域中航行时使用最新的航海图一般。

第 17 章
当价值观发生冲突时

> 我有自相矛盾么？很好，那我是自相矛盾了，我辽阔广大，我蕴藏万千。
>
> ——沃尔特·惠特曼（Walt Whitman）

希望你现在已经确定了一些驱动你前进的价值观，也许还确定了一些更符合这些价值观的行动。但你可能会意识到，你所确定的某些价值观实际上是相互冲突的。你重视成就，因此在工作中非常努力，但你也很珍视家庭，经常在花时间陪伴家人还是投入工作之间左右为难。你该怎么做？

价值观冲突的益处

奇怪的是，你在相互对立的价值观之间感受到冲突可能是件好事，有以下三个原因。

首先，价值观之间的冲突有助于我们在成长期建构自己的自主权和身份认同。迈阿密大学的心理学家塞斯·施瓦茨（Seth Schwartz）和他的团队认为，在成长为成年人的过程中（这个过程会持续到二十多岁甚至更久），一件至关重要的必做之事就是找到解决自身内部价值观冲突的方法。这有助于我们完成所谓的"个体化"——建立自己的身份认同。[1]

其次，价值观冲突拓展了我们的认知极限。普林斯顿大学关于道德冲突的神经相关性（相关的大脑模式或活动）研究表明，解决这些冲突存在很大困难。[2]这需要大脑拥有更多处理认知和情感的回路，尤其是针对价值观冲突的交汇处。我们内部的价值观冲突甚至可能代表了不同大脑回路之间的拉锯战，与价值观激烈角力会有效激活大脑的不同区域，增强我们做出复杂决策的能力。

最后，正如纽约大学教授、《娇惯的心灵》（*Coddling of the American Mind*）作者乔纳森·海特（Jonathan Haidt）在一篇关于价值观的论文中所提出的观点，拥有的内部价值观冲突越多，我们能够理解的人也越多。[3]在他的研究中，海特提出，我们可以使用五种核心心理系统来形成价值判断：①寻求伤害和关怀，②寻求公平和互惠，③寻找群体和忠诚，④关注权威和尊重，⑤关注纯洁和神圣。人们对这些系统的依赖程度不同。道德冲突较少的人可能会强烈依赖其中一两种系统，而无法理解另外一个对世界的评估更加微妙和广泛的人。拥有的视角越多，我们就越容易理解与自己不同的观点。

因此，内部价值观冲突尽管会让人感到不舒服或困惑，但确实能起到有益的作用。如果没有这类冲突，我们就不会知道自己是谁，也不会知道如何与他人建立关系。

调和意图

但是，如果你有两种直接冲突的意图，你该怎么办？从发展的角度看，这可能是有益的，但还是会让人感觉不舒服！解决这个问题的一种方法是深入了解你的根本意图。一旦我们理解了主要驱动力，我们就可以在此基础上实现一系列次要的相关意图。这样一来，即使次要意图并不一致，它们也将与根本意图保持一致。例如，也许你重视健康的生活方式，因为你想延长寿命，但也许你偶尔会因为睡眠不足或外出喝酒而偏离健康的生活方式。这些活动仍然可以实现你的主要目标：活得更久。因为研究表明，强大的社交网络可以延长寿命。[4]即使在社交活动中喝上几杯可能会使我们违背不饮酒的健康的生活方式，但这两个目标都服务于同一个根本目标：活得更久。

为了有意图地做出价值权衡，我们需要了解我们的核心价值观。只要我们的其他意图与根本意图保持一致，偶尔发生冲突也没什么。偶尔和朋友一起出去喝啤酒、吃鸡翅（或者做一些其他你认为违背自己价值观的行为）并不会摧毁你的健康的生活方式计划。归根结底，你的目标应该是追求一致性，而不是一成不变。但有时候不可能做到保持一致，你必须做出选择。

一个备受瞩目的例子是大坂直美在 2021 年决定退出法国网球公开赛。当时，大坂直美是世界排名第二的女子网球选手，也是世界上薪酬最高的女运动员，而且在比赛中处于领先地位。在新闻声明中，大坂直美解释说，她在 2018 年美国公开赛夺冠后就开始与抑郁症抗争，并因心理健康问题而退赛。

数十家新闻媒体都在头版头条报道了大坂直美退出比赛的消息，关于她的决定是应该遭到鄙视还是应该得到支持，评论文章意见不一。在退赛前几天，她因决定不参加赛后的媒体发布会而饱受批评，甚至面临着被取消四大网球公开赛参赛资格的威胁，并且如果她拒绝参加，将被赛事组委会处以 1.5 万美元罚款。她面临着缴纳高额罚款、退赛以及参加媒体采访但会损害心理健康的选择。旁观者对她退赛的选择感到震惊。

在许多人看来，大坂直美的决定似乎与她的雄心壮志背道而驰，原因令人费解。因心理健康原因退出大满贯赛事，这让记者和作家称她为“任性的”“自恋的”和“大小姐”。[5]但是，那些支持大坂直美立场的人理解她将健康价值放在首位的意义。只有通过必要的自我关爱好好照顾自己，她才能以更强大的姿态回归。

大坂直美的决定展现了我们在实现目标的过程中面临的一个难题：我们并不总是直接朝着目标前进。在某种程度上，这就像航行一样——如果我们所要做的只是扬起船帆，让风“灌满”它们，然后漂向目的地，航行会很容易。[6]不幸的是，风并不总是朝着我们要去的方向吹。那么水手会怎么做呢？他们会“迎风转舵”——将船头对准风向，让船采取“之”字形路线，通过一系列急转弯逆风航行。

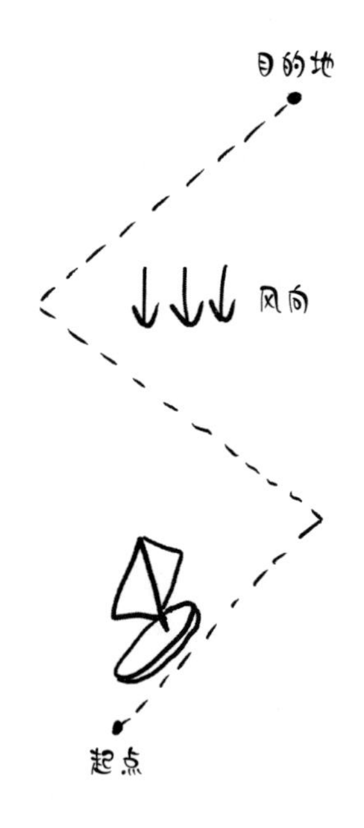

当我们朝着自己的意图前进时，直奔目标并不总是最佳选择。在许多情况下，我们最好分阶段实现目标，其中有些

阶段可能并不指向我们想去的确切方向。如果你的目标是跑一场马拉松，那么每天的跑步会让你直接朝着目标前进。但你不能止步于此——你还需要注重营养、柔韧性和力量训练。如果你受伤了，达成目标的最佳步骤是休息，确保在重新回到跑步机之前尽可能地康复。有时候，就像大坂直美一样，在前进之前，你必须先退一步。大坂直美在社交媒体平台上宣布她计划在 2024 年重返网球赛场，正如她所说："我认为，人生并没有一条完美的正确道路，但我始终觉得，如果你怀着良好的意图向前迈进，你最终会找到自己的路。"[7]

多元异议的力量

对我们而言，做出优先考虑我们的价值观（或与我们的诚实相一致）的决定已经很不容易了，如果周围的人持有不同的价值观，这就更是难上加难。在集体中，人们常常面临这样的两难问题：在融入群体（社会凝聚力）和坚守自己的价值观之间做出选择。那么，在这种情况下，我们应该怎么做呢？

大量研究表明，只要多元化价值观以有益的方式发挥作用，团队拥有的多元化价值观就是积极因素。管理学教授艾米·兰德尔（Amy Randel）及其同事在 2018 年的一项研究中发现，拥有"包容性领导力"的团队允许团队成员以能提高创造力和生产力的方式来表达他们的个性。[8]

包容的领导者是什么样子的？根据他们的研究，包容的领导者会展现出五种积极行为：

- 让团队成员感觉得到了支持。
- 让团队成员感受到团队中存在公正和公平。
- 给团队成员参与共同决策的机会。
- 鼓励团队成员以独特、多元化的方式做出贡献。
- 帮助团队成员贡献他们独特的技能和观点。

就像我们的个人价值观一样，在团队环境中存在对立的价值观既具挑战性又有益处。允许每个团队成员表达独特的价值观，自然意味着有时要包容截然不同的观点。事实上，意见的分歧可以推动组织变得更高效。研究表明，包含持不同意见者的团队能做出更好的决策。

哥廷根大学的研究人员在一项研究中对135个三人小组进行了集体决策测试。[9]每位小组成员都得到了不同的信息，每个小组都需要根据所得到的不同信息做出决定。没有异议的小组几乎都不能找到正确的解决方案，但包含持不同意见者的小组却能更成功地找到正确的解决方案。研究人员甚至发现，这种效果受到讨论强度的影响（通过三个指标评估：平均信息共享率、平均信息重复率和讨论时间），这实际上表明，持不同意见者发出的声音越大，小组就越有可能做出正确决策。如果没有异议者，团队就无法面对那些有助于使他们成为更优秀的团队的挑战。

尽管我们很容易受到群体思维的影响，做别人期望我们做的事，但我们每个人的观点对于更广泛的群体是有益的。在团队合作中，我们需要鼓励团队成员发扬个性，保持独立思考，特别是在某些情况下，如果不允许成员发扬个性，就可能会对个人和团队的长期利益造成损害。同时，允许表达的异议过多反过来也可能会扼杀进步，那么我们应该怎么做呢？

设定明确目标

正如前面所述，我们所处的环境会对我们的价值观产生重大影响。作为团队成员，我们每天都在影响着所处的环境。对于这一影响的觉察是打造一个重视不同意见的组织的重要组成部分。环境将塑造成员的价值观，而你在构建这种环境的过程中扮演着重要角色。

作为领导者，我们还要负责设定集体航程的最终目的地。是的，我们可以也应该迎风航行，但要做到这一点，我们需要知道我们要去向哪里。这不仅仅是做出良好战略规划的问题，而是需要对未来有愿景，对总体目标有清晰的认识。

> 来做一个快速的可视化练习，试着想象一种存在价值观冲突的情况——可以是你内心的冲突，也可以是不同团队成员之间的冲突。将一张纸对折，在纸的两半

分别写下冲突的价值观。然后以价值观为中心点，各画一个圆圈，确保两个圆圈有部分重叠。重叠的区域就是“中间地带”。“中间地带”是什么？就是能找到共识的地方。也许一个人希望团队专注于招聘新员工，另一个人则希望团队集中精力留住现有员工。这两者之间的重叠之处显而易见，即希望让最优秀的人担任最合适的职务。找到共识并不一定能解决价值观方面的分歧，但会表明大家都在朝着同样的目标前进（或者说，在某些情况下，这会凸显人们的目标并未达成一致，而这本身就是一种有益的学习）。

选择一致而非共识

在集体中，我们常常试图达成共识，但共识并不一定是最佳目标。与我们的个人意图一样，一致（即使是勉强达成的一致）可能比达成共识更好。通常，达成共识需要将一个想法削弱到完全失去创造力和创新性。根据与各行各业的高效能团队合作的经验，我们发现，力求共识的团队往往会陷入无休止的会议中。最终，它们会商定好一个平淡无奇的目标，或者给出的解决方案并不是那么有趣、大胆或挑战现状。但是，如果团队有一位强有力的领导者，这位领导者的目标是达成一致而非共识，那么团队就能够更具决策力。不仅如此，通过展示诚实，那些追求价值一致性的团队往往会变得更强大、更有韧性。

以诚实领导

领导者的诚实会影响整个团队。研究表明，那些言行高度一致的人能更有效地领导他人。我们希望感受到那些领导我们的人有内在的驱动力去做他们要求我们协助的事情，同时希望他们的行为方式符合伦理道德。

我们并不假定“诚实”和“行为方式符合伦理道德”是一回事（有些人可能会优先选择作恶），但行为伦理学领域的研究已经表明，大部分情况下它们是一致的。人们希望认为自己是有德之人，也通常希望成为一个好人。当然，人们也可能为了某些利益而偏离道德行为，但人们往往会将此视为某种牺牲，并感到内疚。然而，事实证明，不道德的行为也会伤害周围的人。

道德领导力的“涓滴效应”可以体现在组织结构的各个层级上。高管可以影响经理，经理可以影响他们的下属。但研究表明，直接主管的影响最大；在员工眼中，他们的主管是工作价值观的化身——比高管更甚。当员工的直接主管为人处世十分诚实正直时，员工也会如此。这种模仿很大程度上可以用社会学习理论和社会交换理论来解释：我们通过模仿他人来学习社会行为，并根据他人对待我们的方式来行事——当我们的上司以诚待人时，我们就会模仿上司的行为，同样以诚实对待上司。

道德领导力不仅能让周围的人更有道德感，还可以提高员工的敬业度。韩国延世大学的一个研究小组调查了道德领导力对工作疲劳的影响，探究了韩国259名员工的工作状态。[10]他们的调查特别关注工作中的情绪耗竭——当人们处于苛刻的工作环境中时，会持续感到精疲力竭。

研究人员发现，展现出道德领导力的领导者可以降低员工的情绪耗竭水平。这是因为在具有道德领导力的领导者身边，员工在与同事和上级互动时所耗费的情感精力较少。而且，不出所料，在社交互动上花费的精力越少，员工的敬业度和工作效率越高。

在本书开篇，我们讨论过疏离感，而此处的这些观点与疏离感这一更普遍的社会问题之间存在着显而易见的关联。更有道德的领导力，更多表达不同意见和不同价值观的机会，共同的一致目标而不一定强求达成共识——所有这些都会对世界产生积极的影响。本书中其他支撑意图的要素也一样，通过为我们自己和我们所在的集体实现这些目标，我们就能让所有人都变得更好。在下一章中，我们将探讨如何以最佳方式了解他人的价值观，并基于此建立共享意图，发挥其魔力。

第18章 了解你的团队

还有比我们瞬间洞悉彼此的眼神更伟大的奇迹吗？

——亨利·戴维·梭罗（Henry David Thoreau）

在担任首席人力资源官之前，迈克经常为高管举办研讨会。其中一个研讨会的主题是“同理心”，其间有一项练习总是让参与者感到困惑不已。

在这项练习中，高管需要从一份价值观列表（诚实、勇气、远见、谦逊、效率等）中选择出他们认为最重要的三大价值观。然后，他们需要以研讨会上一位自己熟识的同事为对象，试着找出该同事的三大价值观。一次又一次的练习后，他们有了两个重要发现。其一，大多数高管很难选出自己的三大价值观，而找出同事的三大价值观则要容易得多。其二，大多数参与者对同事三大价值观的判断大错特错。对于同事为自己选出的三大价值观，很少有高管能认可，哪怕只认可其中的一个。

经历了这项练习，在随后的讨论中，高管经常变得更加团结，对彼此更具同理心，即使他们的核心价值观并不完全一致。通过讨论彼此的价值观，他们团结到了一起，并往往能在文化和一致性方面产生积极的连锁效应。这与有关团队的一些研究结果相吻合，这些研究发现，团队组建的一个关键过程是建立团队成员对自己和同伴价值观的认识。教育心理学家布鲁斯·塔克曼（Bruce Tuckman）在一项研究中发现，信息共享是团队形成的关键因素，也是团队建设的第一阶段。塔克曼指出，在这个阶段，驱使团队成员做出行动的是他们希望被其他团队成员接纳与认同的愿望。[1]无论是在工作场所还是在家庭中，感受到自己被理解和被了解是建立健康人际关系的必要前提。

我们究竟有多了解他人

正如迈克举办的研讨会向参与者展示的那样，我们并不像我们以为的那样了解彼此。事实上，我们往往认为，了解别人比让别人了解我们自己更容易。因此，这种练习的另一个好处是凸显了我们自己的傲慢——他人真的像我们认为的那样容易了解吗？在2001年一项经典的研究中，心理学家艾米丽·普罗宁（Emily Pronin）提出了“不对称认知错觉”的概念。[2]

普罗宁和斯坦福大学的一个研究团队开展了一系列试验，调查我们如何感知了解他人与被他人了解之间的差异。当然，我们并不是在谈论无所不知——即使对我们自己来说，这也是不可能的。我们所指的了解是确切了解他人的个人特质、风格和喜好。

我们为什么总是认为自己更了解他人而他人不够了解我们？部分原因在于，我们会过度解读，会基于掌握的少量信息推断出很多东西，并认为自己的判断是正确的。例如，在普罗宁主导的一项研究中，研究人员发现，参与者认为可观察到的特征比内在特征能更好地反映他们的朋友。这意味着，一个人会认为其室友的邋遢程度（一种可观察到的特征）在很大程度上反映了室友的真实本性。但该室友会认为，自己的邋遢程度并不足以完全反映其真实自我。这就是所谓的不对称认知错觉的体现。

回想一下迈克的“同理心”主题研讨会——高管认为他们相当了解自己的同事，但事实并非如此。他们只看到了可观察到的特征，却忘记考虑同事身上无法观察到的内在特征。事实上，斯坦福大学的研究人员发现，当被要求写下对自己和密友的描述时，参与者会为自己写出更多的内在特征，而为朋友写下更多的外在特征，但这两者都被视为“真实自我”。这项研究的作者指出，他们的参与者“似乎像天真的弗洛伊德主义者一样，喜欢基于彼此随意的动作、语调或不经意的话语解读出更深层的意义”。[3] 我们很容易忘记，我们的朋友和同事并不是只有外表这么简单——要想真正地在一起生活或工作，这种忽视会带来高昂的代价。

我们不仅强调他人的外在特征，也强调自己的内在特征，而且我们经常透过自己对世界的理解来看待他人。这导致我们在评估他人的动机和价值观时，会产生刻板印象和心理投射。[4]换句话说，我们更倾向于将他人放在我们的立场上，而不是将自己放在他人的立场上。有大量研究表明，当我们推断他人的价值观时，往往只是将自己的价值观加诸他人。[5]简而言之，我们经常忽视他人与自己的不同之处。

假定价值观的误区

所以，我们并不擅长理解他人的价值观，但这为什么会成为一个问题呢？让我们更仔细地探讨一下，看看问题是怎么出现的。先从那些我们自认为与自己相似的人开始。如果我们认为某人与我们相似，哪怕是在很小的方面，比如有相同的幽默感，我们往往会把自己的态度和欲望投射到他们身上。换句话说，我们会自动假定，除了共同有幽默感之外，我们还有更多的共同点。但是，当与那些看起来与自己不同的人交往时，我们往往会将刻板印象投射到他们身上。这些刻板印象源自我们对他人的固有想法（例如，想想你对图书馆馆员和足球运动员的看法，当然还有更糟糕的刻板印象），我们以此推断这些与我们不同的人的内在运作方式。[6]我们的大脑喜欢走这样简单的捷径：从根本上认为和我们相似的人都如我们一般思考，而和我们不像的人都以我们认为的方式思考。

当试图理解同事的内心想法时，我们很容易走这样的捷径。同事长得像我们，穿得像我们，开同样的玩笑，我们就会假定他们拥有和我们一样的价值观。实际上，这些相似之处除了表明我们处于同一个收入阶层、在同一家商店购物之外，并不能说明什么更深层次的问题。此外，我们可能看一眼与我们不同的同事就认为我们了解他们的价值观，而不进行深入思考。我们可能会认为，一个比我们大或小很多的同事符合我们对他那一代人的刻板印象——也许是顽固不化或好逸恶劳——而忽略那些我们没有意识到的外在和内在因素塑造了他自己的价值观。

更糟糕的是，我们不仅会假定他人的价值观，而且往往会低估他人，高估自己。原因在于，我们的大脑很容易认为自己是最好的，而周围的人是最差的。在 2017 年的一项研究中，伦敦大学的本·塔平（Ben Tappin）和瑞安·麦凯（Ryan McKay）召集了 270 名参与者，邀请他们基于道德、能动性和社交能力等核心价值观对自己和他人评分。[7] 在道德方面，几乎每个人都夸大了自己的道德品质。每个人都认为自己是有道德的人，但同时猜测普通人并没有那么多道德感。[8] 塔平和麦凯发现，这甚至不是由自尊心导致的——并不是因为我们认为自己比别人更优秀。我们只是相信自己在道德上比他人更优秀。

将他人的意图想象成最坏、最自私的，这种假定被称为外在激励偏差。我们认为自己的驱动力来自内在因素，比如一份工作需要我们运用聪明才智去解决问题，他人则受到外在因素的激励，比如更高的工资。没有人能确切地知道我们为什么会倾向于这么做，也许外部激励更具体，或者可能是我们希望看到自己比普通同龄人更优秀。[9]无论原因如何，了解到大脑在欺骗我们就可以帮助我们克服相关问题。如果在判断和评价他人时更有意图，我们就可以消解这些无益的假定——就像我们知道，当把箱子搬进地下室时，我们需要放慢脚步，确保每一步踩得稳，这样才不会受伤。

如何了解你的团队

团队成员并不需要拥有完全相同的价值观——正如我们前面所讨论的，如果他们不这样做，实际上会更好。但为了发挥最佳效果，团队成员应该了解彼此的价值观。澄清价值观不仅仅是去发现自己的价值观，还要调整自己先入为主的观念。

如何让团队的价值观更为公开透明呢？以下是提高团队开放性的三个步骤。

第一步：帮助团队成员发现他们自己的价值观

想要创建开放、知情的文化，第一步就是要帮助团队成员认识自己。迈克组织的研讨会使用了一套相当简单的工具，帮助参与者发现自己的价值观。他们会从 60 张卡片开始——每张卡片上都写有一种价值观（如诚实、勇气、卓越、成就）。参与者需要将卡片分成三组，并将它们按照重要、非常重要和最重要排序。然后他们要在最重要的那组中选出自己认为最重要的三种价值观。本章末尾有一个供你尝试的练习版本。

这个练习也可以采取对话形式，让员工讨论他们喜欢的图书、电影或歌曲，以及喜欢这些事物的原因。了解一个人最喜欢一部电影是出于什么原因，这是一种简单而有趣的了解彼此价值观的方法。我们偏爱的作品往往蕴含着更深层次的含义，它们描绘了我们珍视的道德观和人生观。

无论你选择哪种形式，最重要的是向员工表明，他们的价值观很重要——即使这些价值观与团队不同，也是如此。

第二步：为团队成员提供分享价值观的空间

一旦团队成员确定了自己的价值观，领导者就应为参与者创造相互交流的空间。比如在价值观识别练习后鼓励讨论，就这样简单。在为期多天的研讨会中，迈克经常在晚餐时进行“你最喜欢哪一部电影？”的练习，每位参与者都要分享喜欢的电影及原因。

但是，关于价值观的讨论应该常态化，而不仅仅是只在一次性的研讨会上进行。应该鼓励员工在其他场合提及自己或团队的集体价值观，比如在困难地选择行动方向时。领导者可以在工作场所中以身作则，讨论决策背后的价值观，或在决策过程中询问员工的价值观。

第三步：招聘有自我认知能力的员工

另一个重要行动是雇用那些具有自我认知能力的人。这样做，你就能确保新团队成员更有可能自在从容地与他人分享自己的价值观。组织常用以下三种工具来评估应聘者的自我认知能力，这些工具可以几种结合使用，也可以单独使用。

第一种工具是心理测试，例如自我反思和洞察力量表（SRIS）。SRIS可衡量自我反思的能力。自我反思是一项能带来广泛益处的技能，例如提升学业成就和降低压力水平。SRIS是一种常见工具，不仅可在工作场所中使用，也可在科学研究中用于调查参与者的自我反思水平。[10,11]

第二种工具是传统的结构化面试。提出情境问题，特别是针对初步回答继续追问，招聘人员可通过这种方法感知应聘者的自我视角。在情境问题中，应聘者需要讲述一个过去的故事，最好涉及一个艰难的决定。这里的关键在于推动应聘者拓展他们的初步回答。他们为什么会这么做？他们从中学到了什么？如果有机会再次经历一遍，他们会做出什么改变？这些拓展的问题是测试应聘者自我意识和自我反思水平的有力工具。

第三种工具是基于案例的结构化面试。具体来说，应聘者会面对一个假设情境，他们要解决的是一个“案例”。顶级咨询公司用这种方法来测试结构化推理能力、领导潜力和沟通技巧。在价值观背景下，案例应侧重于基于价值观做出的决策。在应聘者进行情境模拟时，招聘人员应该测试他们对决策的坚定性（“你确定要这样做吗？”），并测试他们为什么认为这样做是正确的。

无论选择哪种方法，雇用与自己的价值观相吻合的人都是有益的。优秀的员工即使在压力下也能清楚地表达自己的价值观并恪守它们。

分享的益处

你可能会想，这看起来都讲的是积极的价值观，那么我们性格中不那么吸引人的方面又如何呢？大多数人认为，了解别人的缺点会让你觉得他不那么可信，但事实恰恰相反——我们越了解一个人，就越信任他。这意味着，团队成员之间的分享程度越高，包括分享一些令人尴尬或可能被视为弱点的事，他们之间的互动就会有越多信任，也越顺畅。[12]

尽管关于职场中脆弱性这一主题的研究大多集中在领导者和领导者展示其脆弱性的作用方面，但这些结论同样适用于团队环境。任何团队成员的脆弱性都可能带来诸如建立联系、信任、归属感和创新等方面的好处。正如著名的团队管理理论家帕特里克·兰西奥尼（Patrick Lencioni）所说：

“记住，团队合作始于建立信任，而唯一的方法就是消除我们对无懈可击的渴求。”[13] 通过不断身体力行，领导者和团队成员不仅能帮助整个团队了解他们自己，还能让团队成员相互理解。我们对彼此了解得越多，就越容易以共享意图和诚实行事。

我们认为，在团队中想要形成共享意图，不仅需要关注组织或业务目标，还需要实现团队成员之间更深层次的相互了解。这就需要理解和尊重团队成员的价值观，也需要我们愿意并能够分享自己的价值观和弱点。高功能和高效能团队的敬业度也会产生溢出效应，影响家庭和社区，因为我们学会了欣赏自己，继而也会期望自己与他人互动时表现更佳。[14]

识别你的价值观

要想尝试这个价值观练习，请阅读下面包含60种价值观的列表。将它们分为三类：“重要”“非常重要”和“最重要”（前提假设是这些价值观至少都是“重要”的，但你可以忽略那些对你来说不太重要的价值观）。每类约20个价值观。完成后，查看“最重要”的一类，从中选出最为重要的10个，然后缩减为3个。花些时间慢慢做（这一步通常至少需要20分钟），并根据你自己的定义来理解这些价值观。如果有任何对你重要但不在列表中的价值观，请随时添加进来。

就像第 15 章中的“百岁大寿”练习一样，你可能会发现一些让自己惊讶的事情。这意味着什么？此外，将最终列表与当下的生活方式进行比较，看看它们是否一致。你更可以在几天后重新审视你的结果，这样你就可以修订并更深入地理解你发现的东西。更好的做法是，与身边的人分享你的发现，这样你就能在一个有意义的环境中表达自己的价值观，看看他们认为这些价值观对你意味着什么，以及你是否在按照这些价值观生活。

60 种价值观列表 [15]

成就
冒险
真实性
权威
自主性
平衡
美
大胆
同情心
挑战
公民意识
家庭
友谊

社区
能力
贡献
创造力
好奇心
决心
平等
公平
公正
信仰
名望
娱乐
优雅

乐趣	人气
成长	认可
幸福	宗教信仰
诚实	声誉
幽默	尊重
影响力	责任感
内在和谐	安全
正义	自尊
善良	服务
知识	灵性
领导力	稳定性
学习	成功
爱	地位
忠诚	可信度
开放	财富
乐观	智慧
和平	工作

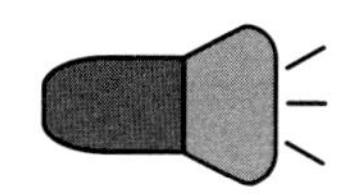

第 5 部分

注意力

第 19 章
高效能者专注于做正确的事

艺工者，心在一艺。

工贵其久，业贵其专。

明辨笃行，方成高手。

——斯瓦米·维韦卡南达（Swami Vivekananada）

1936 年，丰田英二从机械工程专业毕业，不久便开始在其堂兄的制造厂工作。其堂兄丰田喜一郎是后来闻名于世的丰田汽车公司的创始人。丰田喜一郎最初的计划是接手家族机械织布机的生意，但这个位置后来被他的姐夫接手。因此他改变了主意，决定专心致力于打造一家世界级的汽车公司，并邀请他的堂弟丰田英二加入协助。丰田英二的加入极大地推动了公司的发展。

到了 20 世纪 50 年代，丰田英二已居于公司经营的核心位置。他极度关注如何在提高质量和效率的同时扩大生产规模。为了深入理解在汽车领域达到世界级标准的诀窍，丰田英二参观了位于密歇根州迪尔伯恩市福特汽车公司的荣格河综合体——他被眼前的一切震惊了。[1] 在丰田汽车公司创立后的 13 年间，汽车总产量仅为 2500 辆，而福特仅这座工厂就能每天制造出 8000 辆汽车！丰田英二回到日本后，成功转型原本规模不大的汽车制造业务。日后丰田汽车公司成为日本发展的支柱。

丰田汽车公司的巨大成功，在很大程度上可以归因于丰田英二独特的世界观。他并未像众多竞争对手那样，不断在工厂生产线运作方法上求新求变，而是将注意力集中在工人身上，寻求提高效率的方式。他职业生涯的大多数时间都在工厂车间中度过，也许正因为如此，他养成了更为敏锐的观察细节的能力。看到工人在工作中遇到困难时，他并不急于立即插手提供解决方案，而是静观其变，收集更多的信息。在他看来，工人在安装汽车门密封条的过程中遭遇的困难，并不是一个孤立的小问题，而是整体生产效率问题的冰山一角。他尽力在运营层面解决这些问题，而非只针对个别情况修修补补。

凭借着对工人的观察，丰田英二清楚地知道何时要主动行动，何时要灵活应对。他有一种独到的眼光，能发现所面临的问题与挑战中蕴藏的规律和模式。正是基于这种深入的观察，他发明了丰田生产方式，这一独特且强大的方式甚至引起了美国汽车制造商的注意，它们纷纷派人赴日学习。丰田英二所展现的是一种强大的注意力：长时间聚焦于一个问题（在他的案例中，他聚焦的是生产方法的优化），并进行深入研究。

扩展视野，逐步聚焦

具体而言，“聚焦”的体现方法有很多种。如果你混迹金融圈，肯定听说过迈克尔 · 伯里（Michael Burry）的故事。迈克尔 · 刘易斯的《大空头》（*The Big Short*）一书（及同名电影）对他的故事进行了深度刻画。伯里可谓是在 2008 年金融危机前最先嗅到危机气味的人之一，而他的预言主要依赖于他的观察力。但他的观察方式与丰田英二不同。正如他在《纽约时报》一篇专栏中具体阐述的，他在 21 世纪初就察觉到，大批的抵押贷款支持证券并非市场所预期的那样稳固安全。尽管这些金融工具从评级机构那里获得了高评级，但他发现它们的基础是高风险贷款，贷款人很可能无法偿还这些贷款。[2]

伯里通过他的观察赚了数百万美元。他的投资公司 Scion Capital，从 2000 年成立到 2008 年 6 月伯里退出，回报率几乎高达 500%。此外，据说伯里本人从他对抵押贷款支持证券的投注中赚了 1 亿美元。但辅助他做出判断的这些信息并非只有他知道。伯里使用的信息，当时所有人都可以轻易获得，而且他一开始的身份并不是抵押贷款支持证券方面的专家。他以全面的洞察力深入观察市场，直到发现可利用的缺陷。接着，他深入研究这些缺陷。从广阔的视角出发，再逐步聚焦于独特的机会，伯里不仅巧妙地战胜了其他投资者，甚至还愚弄了美国联邦储备银行。

注意力即工具

无论你是深入锤炼专业技能，还是广泛寻觅新机会，注意力将会决定你是表现平庸还是卓越非凡。如果你难以理解“注意力”这种抽象技能，不妨想象在黑暗的房间中，你手持一只手电筒。手电筒的光束便是你的注意力。注意力使我们得以将视线聚焦在现实生活的某一方面，过滤掉周围的干扰。有时我们需要如伯里寻找投资机会般，用泛光照亮整个房间；而有时我们需要像丰田英二深度研究工人一样，用聚光关注细微之处。

尽管我们常常感觉自己仿佛是宇宙的中心，但构成我们存在的所有事物却仅仅落在我们注意力手电筒照亮的那个小小的范围之内。我们历尽的所有经历以及知悉的所有事物，都只在注意力手电筒所照亮的微小范围之中。当我们意识到，相比于周遭发生的一切，这个范围其实是那么微小，我们会感觉有些失落、沮丧，然而这种认识也会让我们有所释然，以更轻松的心态接受生活中的不完美。也许，最重要的一点是，我们对黑暗中的光束拥有一定的控制权。具体来说，我们能够掌控的，就是紧握我们的注意力手电筒——我们可以任其被外界的力量拖拽，或者有意图地引导其照明方向。

通过有意图地决定注意力的方向，我们可以塑造自身对生活的体验，这是一种不应轻易放弃的无比强大的力量。正如古代哲学家爱比克泰德曾警示我们的："你将成为你所关注的事物……如果你自己不选择自己接触的思想和形象，那么别人将会替你选择。"[3]

引导自己注意力的难点在于，我们在生活中能选择关注的事物数量极其有限。回想童年时期，电视只有寥寥几个频道，我们只需要在三个不同的节目中选择一个看。有限的选择使决策更为简单，却也带来了更大的困扰：我们无须费尽周折地在Netflix的网站上从数千部剧集中挑选心头好，但兄弟姐妹总想看另一个。随着互联网的兴起，我们面临这个二元问题的新形态：一方面，我们有无尽的选择可以去关注各种各样的信息；另一方面，我们所做的每一个选择都是他人精心策划的，都是算法追踪并分析我们的消费习惯后为我们“量身定制”的。

> 60% 的人认为，在当今的数字化时代，海量的选择使人们更难集中注意力去关注正确的事物。

选择错觉

许多时候，我们面临的所谓选择其实并不是真正的选择。在市场营销中，常常出现所谓的“虚假选择”——给我们营造出有多种选项的假象，但实际上这些选项并无太大的差异（事实上，它们通常是一系列基于精心策划的糟糕选项）。在这里，营销的目标往往是将我们的注意力局限在有限的选项上，以使我们被迫选取其中之一。20 世纪 80 年代的“可乐大战”就是一场完全虚构的辩论，这场百事可乐和可口可乐之间的论战显然推动了两个品牌的销售。人们热衷于表明自身对某一品牌的忠诚，而品牌也不遗余力地推动这种源于忠诚的虚妄的身份认同感：你不是百事可乐人就是可口可乐人，应当毫不犹豫地捍卫你的选择，甚至为此而战！[4]

在许多国家，选择左派或右派的政治立场具有极大的影响力，以至于人们选择一派后，愿意以效忠的名义去闹事、杀人，甚至不惜付出生命，全然不考虑两派的政策是否实质上具有相似性。但实际上，如果将那些主要政党放在政治光谱上，你会发现很多西方国家主要政党的立场其实并无太大差别，仅是让公众产生了一种做出“真正选择”的错觉。以美国为例，无论你投给共和党还是民主党，你可能只是在维护一个几百年来几乎从未改变的执政体系。这个问题的重要性在于，作为有思想的人，我们需要谨慎对待那些看似重要，实则可能不值一提的观念，或者那些并未能给公众提供真正选择的选项，因为它们可能会误导我们的注意力。

思考练习：请观察自己的生活，看看自己能否识别出那些虚假选择。有哪些事情似乎让你在几者中做出选择，然而当你从更广阔的视角来审视，却发现在长远的人生图景中，所有选项实际上并无太大差别？

“可乐大战”并非此类现象的唯一例子，你很可能会惊讶地发现这些虚假选择在生活中无处不在。比如，当迈克从法学院毕业时，他的大多数同学都决定做诉讼律师或交易律师，而他们瞄准的是同类型的大公司，很少有人愿意从事公益法律职业，或者考虑范围更广的非法律相关工作行业，如咨询行业或政策行业（许多人最终都在这些行业找到了工作）。他们的关注焦点被人为地引导到了有限的可能性中，这些可能性便成了他们眼中唯一可见的选项。

接下来，我们将探索意图与注意力之间的关联。我们将讨论如何利用注意力来滋养意图，以及如何用意图来增强注意力。当你观察那些你努力模仿的高效能者时，思考一下他们是如何控制自己的注意力的。或许他们知道如何在黑暗中引导自己的注意力手电筒，照亮他们认为有价值的东西。

第20章
引导聚光灯

能够持续地自我驱动，拉回游离的注意力，这才是判断力、性格与意志的真正基石。

——威廉·詹姆斯

当你埋首于本书的篇章时，你所投入的努力远超你的意识所及。无论是抵抗身边嗡嗡作响的手机、喋喋不休的孩子、不经意间听到的对话，抑或是那些反复缠绕心头的念头，你都致力于保持专注。尽管现代生活的喧嚣可能让大多数人心猿意马，但我们在抵御分心之事上的实际表现，远比我们自认为的出色许多。

过滤信息的能力是人类的另一种超能力。无论是内在心灵的涟漪还是外界世界的波涛，我们置身于纷至沓来的各类信息洪流中，我们的大脑却能在大多数时刻如同精准的交通指挥官，掌控着意识的流向。我们的心智不仅能够高效导航人生的航向，更能在行船之际，毫不费力地完成那些无意图的使命：维持体内平衡、让心脏跳动以及消化早餐。

一砖一瓦，建构世界

当我们凝眸于这页书的字句时，不过动用了约莫一两度的视野来汲取信息。[1] 然而，在大多数环境中，我们都能感受到一种全景式的视知觉。

我们对世界的体验，往往取决于如何掌控那些零散的注意力碎片。让我们回溯一则佛教经典寓言——盲人摸象：一

群未曾见过大象的盲人，初次摸到这庞然大物时，因触及其不同部分而各抒己见。一位摸到了象牙，便认定大象乃由坚硬之壳构成；另一位摸到了象鼻，坚信不疑地宣称大象宛若一条粗实的长蛇。[2]

在寓言的某些版本里，认知的分歧最终得到了和平解决，而在其他版本中，各位盲人却因所感不一而相互猜忌，质疑他人所言不实。正如他们对大象的解读迥然不同，我们对于世界的理解与感知，同样深受我们如何聚焦并锁定注意力的影响，更确切地说，由我们刻意选择关注的细节所塑造。

比如，想象一下与朋友共进晚餐的场景。你们俩都忙碌于各自的生活，相见之时自然是喜悦无比。刚落座，邻桌就坐下了一群人，他们吵闹不已，响亮的笑声和刺耳的玩笑充斥整个餐厅。你努力专注于和朋友的对话，但每次那群人爆发出笑声，你们都会不由自主地投去目光。本应是愉悦相聚的时光，却被旁边的喧闹嘈杂打扰了。你们的注意力若能自如引导，专注于你们所愿投入的事物，便能让重逢成为一段美妙记忆而非烦躁体验。

注意力：引力磁铁

若你对注意力分散现象有所研究，便会明白，大脑受到的引导并非局限于自上而下的注意力系统。我们的注意力宛如一束聚焦的光线，易受周遭万象的影响——无论是心底涌动的潜藏情感，还是昙花一现的思维片段。通常，我们将这些干扰统称为“分心物”，然而，若用更精确的语言表述，它们实为注意力的引力源。分心是大脑试图使我们顺应环境、安然处世的本能反应。但是，当自下而上的注意力系统失去秩序时，便会转化为重负。

此类引力源如同磁铁一般，将我们的注意力从本应聚焦的主要任务上挪开。尽管对好奇心的适度放纵不可或缺，但在某些关键时刻，我们需扣紧“思维安全带”，专心致志。现在，让我们深入探讨几种最为常见的注意力引力磁铁及应对之道。

1 号引力磁铁：情绪

不论正深陷一场激烈的争执，还是在哀悼逝去的宠物，负面事件及其激起的激烈情绪往往让我们难以刻意驾驭自己的注意力。这是因为负面情绪通常是一种预警信号，需要我们投以关注。我们自身的消极偏差会让消极事件比积极事件更易牵引我们的目光。即使是日复一日的琐碎小事，也能深度地左右我们对周遭环境的关注焦点，其影响力甚至穿透了当下的经历，延续至之后的时光。[3]这意味着，工作中那一丝轻微的烦躁，可能会决定我们是否会对晚间餐厅里讨厌的邻桌感到恼怒。

在情绪状态的影响下，我们的注意力宛如一盏内置追踪装置的聚光灯。若心怀乐观，周遭的点滴善意便易于入目——或是同事的格外友善，或是途中偶遇的无私善行。反之，当焦虑盘踞心头，那些潜藏的隐患和危机便成为焦点。同事的温言未能入耳，只余下对午后紧迫任务的忧心忡忡。街边的善行亦视而不见，眼前唯有前方交通是否会令迟到更久的焦虑。我们往往将注意力投向与当下情绪共鸣的事物，似乎情绪之力如磁石般，无声引导我们的关注之光向心灵空间的相关隅角投射。

幸运的是，掌握一系列技巧可以帮助我们减轻这种影响，让我们更有意图地集中注意力。通过练习正念冥想，我们可以有效地约束情绪对注意力的干扰，避免在心情低落时只关注那些阴暗的角落。为了深化正念实践，你可以尝试一些简单而有效的方法。

当你意识到自己不断沉浸在负面情绪中时，试着在下一个消极念头浮现前找出三个充满希望的正面因素。通过这样的方式，转变你的注意焦点，你的视野也将随之开阔。另一个扭转负面情绪的常见方法是进行感恩练习，这一日益受到推崇的策略被科学证实能有效减缓压力，提升心理与生理健康水平。研究表明，持续的感恩练习能缓解抑郁和焦虑的症状，改善睡眠质量，甚至有助于降低血压。[4,5] 感恩练习可以是记录感恩日记，也可以是在一天开始或结束时罗列出你要感激的事物。即使在陷入消极低迷时，你也可以转而思考那些值得感恩的理由，无论何时何地，这都有助于你提振心态。

> 请在此刻暂停脚步，花一点时间去思考生活中的三件幸事。深入探究每一件——它们何以让你心存感激？它们为你的世界增添了何种色彩？事实证明，即便是这样简短的练习，若持之以恒，对你的生活品质以及你对生活中重要事物的注意力也有显著影响。
>
> 有 88% 的人相信，感恩练习能够增强他们的注意力。

在此基础上，迈克还加入了一个接纳练习。每晚，他都会引导孩子分享他们一天中最美好的时刻，以及一件并非令人愉悦却仍试着释怀接纳的事情。

2 号引力磁铁：新奇

我们已然演化出了洞悉周遭环境微妙变化的能力。这种天性有其深远的意义：对新奇的关注不仅让我们在横穿马路时得以规避驶来的公交车，也驱使我们去探索新思潮与未知世界。对新奇的渴望植根于我们的本性，以至于众多企图捕获我们眼球的企业纷纷将创意融入他们传递的信息之中，想以此俘获我们的心。当新闻照片呈现更多的新奇元素（令人讶然或不同寻常的图景），我们便更容易投注目光，被其吸引。[6]

我们周遭的多数环境——特别是充斥着数字技术的空间——皆旨在激发我们对新奇事物的渴求。手机的每一个提示音、震动、小红点、弹窗或铃声，无一不在竞相夺取我们的注意力。在工作场所，这些新奇元素常成为干扰。若要致力于深度工作，我们必须将这些干扰从工作环境中一一消除。[7]

我们可以轻松地对个人设备进行重新设置，仅需移除各类通知。然而，要重构更为广阔的世界却非易事。我们所能尽力做的，便是提升自我觉察水平，洞察那些吸引我们眼球的事物及其背后的原因。我们是否正无意识地浏览那些利用新奇噱头来争夺注意力的新闻头条或信息推送？是否因为不断解锁的新奖励而从一款简单的手机游戏中持续体验到满足感？与其让新奇感左右我们，不如培养辨识它何时在助长我们不良行为的能力。在此基础上，尽可能地刻意重塑周遭环境，减少新奇诱因，例如将电子设备置于另一房间，以维持注意力。

3号引力磁铁：目标

并非所有吸引我们注意的因素都来自我们无法掌控的外界，也并非全都是负面的。设定目标，便是在我们易分心之时，有意识地引导注意力的一种策略。约30年对目标的研究发现：目标对于引导我们的注意力转向有益的任务极为有益，进而可显著提升我们的表现。[8]目标对于塑造我们如何运用注意力至关重要。

目标不仅会重新引导我们的行为，也会重新塑造我们的认知。当在诸多领域收到反馈时，我们会更有可能在那些与我们目标一致的方面取得进步。一项研究发现，司机在收到关于驾驶的多个方面的反馈之后，仅在他们已经设定目标的领域取得进步。[9] 目标不仅会塑造我们的优先事项，也会改变我们与世界互动的方式。

如果你还没有一套正式的目标设定流程，那就创建一个吧——不仅是工作层面的，还要延伸至生活的其他层面。请注意，目标不宜笼统——与其定下“提升驾驶技能”，不如明确指向具体的成果或技能。倒车入库是不是你的弱项？抑或你需要练习以更流畅地转弯？一旦具体化，你便能将行为与认知都聚焦于所渴望的成就之上。如果你将完美地倒车入库定为一个切实可行的目标，你会发现自己开始留意他人每一次完美操作时的细节。你会愈发敏锐地感知自己的停车技巧——皆因你有意识地制定了一个改进目标。

第21章
聚光灯下的职场

欲先民，必以身后之。

——老子

在一家庞大公司的办公室内，某间色调单一、格局紧凑的小隔间里，一个不起眼的中年男子安静地坐着，他的名字是布赖恩（Brian)。二十年如一日，布赖恩一直是这家公司最值得信赖的数据分析师。他的日子围绕着数字、图表和电子表格打转，这是一个他总是能觅得内心安宁与舒适的世界。他也是公司社交委员会的一员，协助组织每年的假日派对和其他活动。

轻啜咖啡，启动计算机，他的目光落在了一则看起来很重要的信息上。那似乎是来自管理层的一份新通知。他们正发起一项锐意进取的计划：希望在下个季度内将公司整体的资源利用率提升 25%。这份通知充斥着“协同效应”“优化”以及“增长黑客”等商业术语。布赖恩的心脏加速跳动，怒火中烧。他一直试图向管理层说明，不顾员工的参与感和留任率而盲目提高资源利用率实为不智之举。总的来说，他知道他们对此心知肚明，而他也全力支持公司追逐行业龙头地位的雄心壮志，但眼前这份通知却显得如此不合时宜。他很清楚谁是这个蠢主意的幕后推手，甚至差点立刻闯进去向他们一吐为快！然而，他最终深呼吸一番，抛却了心头的愤懑，尽力避开这股愚蠢的洪流。

往常，他总会在下一次的公司大会上提出自己的见解。但这一次，他感受到了一种挥之不去的疏离感。管理层所标榜的预期目标与公司的经营现状之间的鸿沟是如此之深，以至于展开讨论似乎毫无意义——他们正执迷于增长，这种盲目的做法不仅仅威胁到与员工、客户的关系，更对公司宣称的以人为本的核心价值观构成了根本的挑战。

注意力聚焦：工作场所

在第 20 章中，我们探究了我们是如何通过注意力与一部分世界互动从而塑造我们的现实世界的。尽管众多因素能够对我们的“聚光灯”产生影响，但我们依旧能够通过刻意的练习和意图，对其施加一定程度的控制，更加娴熟地重新聚焦于对我们而言真正重要的事情上。

组织是复杂而动态的系统——它承载着许多相互冲突的重要事项。在某种意义上，组织仿佛大脑一般。正如大脑会对任务进行优先级排序一样，许多组织也采用了OKR、KPI等衡量标准来集中资源、优先排序。

KPI旨在衡量公司在实现其总体目标方面所取得的进展。这些指标将纷繁复杂的事物浓缩为明晰的目标，从而创建了更加透明且可操作的行动标杆。然而，正如我们的注意力焦点可以极大地改变我们对现实的感知一样，一个组织的KPI也可以彻底扭转该组织对世界的看法及开展工作的策略。因此，选择将哪些指标纳入KPI至关重要。

视KPI为共享意图

KPI不仅仅是一种用于协调组织内部工作的工具，实际上承载着对我们个人而言至关重要的内容——一种共享意图。正如我们投身于理念、政党和体育赛事中一样，我们也汇聚集体意志力，在公司内部为一种共享意图而齐心协力。KPI便是这一意图的具体化身——研究甚至表明，这种体现深入了我们的神经层面。[1]

公司领导者若想团结并激励员工追求卓越表现，则需洞察领导指令如何与员工的个人动机相呼应。对布赖恩来说，或许是建设更美好社区的渴望在激励着他；对他的同事阿莉莎（Alyssa）而言，驱动力可能源自优化流程的愿望。无论他们的驱动力是什么，若是强调那些与个人志趣不相称的 KPI，便可能会导致员工产生疏离感。遗憾的是，正如第 18 章所述，多数领导者设定的目标很少能触及员工最看重的诉求，因为他们往往未能洞悉员工的价值观。

KPI 之暗面

KPI 以及许多在工作之外设定的目标除了与人们真正关心的事物脱节之外，通常也未能触及恰当激励人们的方式。具体而言，领导者往往未能意识到每个个体都有其独特的动力源泉。关于激励的研究表明，人们的行为往往会属于四种“成就目标导向”中的一种。这四种分类是由安德鲁·埃利奥特（Andrew Elliot）和霍莉·麦格雷戈（Holly McGregor）在 2001 年的一篇经典论文[2]中提出的，具体如下：

- 掌握 – 趋近：由掌握任务的动机所驱动。“在 Acme，我们要力争成为首个资源利用率达到 90% 的团队，这是我们前所未有的目标。”
- 表现 – 趋近：由超越同伴、在任务中拥有更优绩效的动机所驱动。“在 Acme，我们要在资源利用率全球排名中荣登榜首。”
- 掌握 – 回避：由不使任务表现逊色于过往的动机所驱动。“我们绝不能低于我们自己的资源利用率历史最低值——72%。”

- 表现－回避：由避免在任务中显得无能或逊色于人的动力所驱动。“我们绝不能让资源利用率跌落至行业标准——70%——之下。”

研究表明，尽管人们的动机可能会由其他群体因素驱动，但人们往往从属于某一主要群体，并且这种归属感随着时间的流逝会保持相当的稳定性。因此，激励人们不仅仅在于通晓普遍性的人类心理学，更在于洞悉每个个体的心理特点。

认识到人们有独特的动机，并且这些动机会随着时间的推移而演变，有助于我们理解为何 KPI 往往无法激励大多数人。例如，如果你设定的 KPI 基于一个假设——人人都渴望掌握技能，那么你可能并没有真正触及那些专注于避免让自己在任务中显得无能的人。这些洞见还能帮助我们重新解读一些看似不佳的表现。例如，安德鲁·豪厄尔（Andrew Howell）和戴维·沃森（David Watson）的研究表明，尽管拖延通常被视为自我控制的问题，实际上它与“掌握－回避”导向紧密相连，即由不使任务表现逊色于过往的动机所驱动。[3] 在另一项独立研究中，王欢欢（Huanhuan Wang）和詹姆斯·雷曼（James Lehman）发现，当个性化的激励性回馈与个人的成就目标导向相匹配时，可以提升学习成效。[4]

现在来做一项练习：请花几分钟想象一下（无论你是不是一位领导者），你需要为几位同事设定 KPI，以激

发他们工作的积极性。若激励他们是你的首要目标，你会为他们每个人制定哪些 KPI？尽情发挥想象，假定这些 KPI 没有任何限制或约束。你会有哪些构思？这又能透露出你对于能激励同事的因素有着怎样的理解？现在，让我们重新考虑整个组织的目标——如何才能创建一套既能激励个人又能提升他们的绩效，且符合组织目标的 KPI 呢？

这些研究的意义何在？其一，如果期望组织内的成员聚焦于正确要素，我们就必须深入探究他们的内在驱动力。其二，基于这些洞察，为他们设定既清晰明了又量身打造的目标，确保这些目标与个人的真实动机相契合。这通常意味着我们需要构建更为宏观的组织目标和 KPI，它们存在的目的是激发灵感，而非仅仅作为“条条框框”。进而，我们要将这些目标和 KPI 层层细化，分解为小团队乃至个人可执行的具体行动指南，以此确保我们能够触及每个人及其所属群体的动力之源。

让我们重新聚焦于布赖恩。他对那份通知感到恼怒，并非因为他不认同资源利用率的重要性。他可能深知提升资源利用率的重要性，但可能同时坚信提升员工敬业度才是实现该目标的最佳途径，而这正是通知所遗漏的一点。对他来说，一份能够明确阐述核心目标、罗列支撑该目标的关键支柱的通知可能会更为有效。这些支柱使像布赖恩这样的员工能够在其中找到自己的位置，并团结在核心目标的旗帜下。此外，布赖恩的上司应该为他量身定制一套目标，这些目标不仅要紧扣他个人的关切，而且要与更广泛的组织目标相契合。换言之，组织目标犹如泛光灯的光束，然而，这束光线应该更为聚焦，以凸显受众的目标——而非制定 KPI 者的目标。

> **80% 的人认为，个人目标与组织目标之间的紧密契合对于他们投入工作至关重要。**

KPI 并非对重要事项的客观描述，而是一种激励（或抑制）的工具，我们应当如此认识并运用它。它扮演的是聚焦注意力的聚光灯角色——正如我们在个人层面需谨慎使用一样，集体层面亦应明智地利用。这样做不仅仅能提升组织的整体绩效——当成员感到个人动机得到满足与重视时，他们会更加投入并感到得到了支持。正如我们所见，共享意图是一股我们能拥有的最为强大的力量，而那些深刻理解这一点的领导者将能够以极具激励性的方式触及组织中每一位成员的心灵。

第22章
心智漫游

你需有混沌在心，才能孕育出跳舞的星辰。

——弗里德里希·尼采（Friedrich Nietzsche）

迄今为止，我们的大部分讨论集中于如何积极主动地运用注意力，即选择关注点并持之以恒。而在本章，我们将转向探究另一面：我们如何利用被动注意力（反应性注意力）来培养和支持我们的意图？在日常交流中，我们常常会说我们的注意力被某物所吸引。确实，这通常可能导致分心，但对外界刺激的响应（哪怕是意料之外的干扰）也可能产生积极效果，甚至可能引发颠覆性的变化，因为新输入的信息有可能携带着重要的洞察，从而改变我们的视角。正如阿基米德在浴缸中的顿悟或牛顿被苹果触发的灵感，那些灵光乍现的时刻往往有着意料之外的源头。

逸思益境

在心理学领域，我们通常将主动注意力与被动注意力分别称作“自上而下”的注意力和“自下而上”的注意力。尽管这两种注意力都极为关键，但“自下而上”的注意力会让我们对那些意外之事、新奇刺激保持敏感。追溯到我们的远古祖先，当面对潜在的生命危机时（比如道路上出现了毒蛇），可能正是这种反应性注意力赋予了他们迅速改变行动方向的能力。其实，反应性注意力同样能够被调动来应对那些不仅仅关乎生理存活的干扰，诸如突然跃入脑海的奇思妙想。

与脚下的毒蛇不同，意料之外的刺激并非全然无益。我们脑海中闪现的想法是无意识运作的结果，它能连接那些我们的意识可能无法触及的部分。美国西北大学的一项心理学研究发现，在创造力方面得分较高的人在过滤“噪声”方面比那些得分较低的人做得更差。[1]这是由于他们的“审查机制”是“渗漏性”的——容易让更多的刺激进入他们的意识领域。这意味着，如果你更容易因犬吠声或一种逸出的想法分心，那么你更有可能提出不同寻常的、打破常规的观点，并在测评创造力时得到更高的分数。[2]

塑造环境

在探索如何主动引导我们的注意力时，挑战在于我们可能并不了解如何将主动注意力与被动注意力协调至最佳状态——或者甚至可能未曾察觉，我们实际上拥有显著提升注意力运用水平的能力。实际上，我们所掌握的管理注意力的最有力工具是我们改变周遭环境的能力，我们依此确保只有那些有益的“噪声”能够进入我们的意识领域。在决策实验室里，选择架构是我们致力研究的重要领域之一，它关乎为增强和优化注意力而精心构筑的环境布局。我们先运用行为科学原理深入剖析人们如何做出选择，或许再配合其他干预措施，通过重塑他们的环境，引导他们做出更明智的抉择。

在选择架构的核心理念中，掌控我们的行为与注意力颇具挑战，转变我们的环境则显得相对简便。鉴于在恰当的刺激下，分散的注意力能孕育创造力，我们便能够精心设计一种环境，使注意力能在其中“分散”得富有成效。

古往今来，转变环境（而非修正天性）一直是我们行之有效的策略。选择架构最引人注目的例证或许源自古希腊文学。在荷马所著史诗《奥德赛》中，伊萨卡岛的国王奥德修斯作为英雄从特洛伊归乡，但他必须途径著名的塞壬岛，那里以诱人而死的歌声闻名。为了在船只通过岛屿时安全地聆听塞壬美妙的歌声，奥德修斯听取女巫喀耳刻的忠告，让船员用蜡封住耳朵，并让他们将自己绑在桅杆上。如此一来，船员得以不闻妖音，而奥德修斯虽聆听了那勾魂摄魄的歌声，内心深处产生了跃入汪洋的冲动，但因被绑而无法动弹。在这个故事里，奥德修斯明确知晓谁会被何物分心——在船员的帮助下，他塑造了一种环境，使他能够尽情享受音乐之美而同时规避负面后果。

虽然我们无须对抗魅惑的塞壬，我们的公司也不会建议客户将自己绑于桅杆、以蜡封耳，但我们确实可以效仿奥德修斯那令人钦佩的重塑环境的能力。例如，现如今，许多人为了克制深夜沉迷手机的冲动，选择在卧室之外放置手机，以此避免在夜深人静之时匆匆发送电子邮件或浏览社交媒体平台。在我们设定如何最佳利用时间的意图时，应提前规划，预设应对潜在干扰的策略，并在初始阶段便为自己铺设成功之路——而非在听到塞壬歌声（或是手机新消息的提示音）之后才匆忙应对。专家指出，要在充满干扰的环境中保持专注，关键在于为自己设定规则并严格遵守，以及有意图地改造周遭环境，削减那些可能导致计划偏离的干扰因素。

一种简单的实践方法是：当你专心致志于某项任务（如阅读本书）时，身边放一张纸（最好不要用手机或其他电子设备）。每当有一个杂念突然闯入你的脑海时，不用过多思考，把它记下来。当你完成任务（或休息）时回顾你的笔记，看看其中是否有任何有价值的内容。这将帮你减少杂念的影响，也可能帮你发现一些有趣的切入点——如果你专注于压制那些杂念，可能就不会注意到这些想法。

重构叙事

选择架构也涉及意图的改变，例如，我们措辞的方式以及对自己是谁（或不是谁）的自我认知。以节食为例，“欺骗日”（cheat day）这一概念的存在可以被视为我们对饮食框架的改变，可以有效地重构我们对于节食的认知。

有趣的是，尽管从代谢或热量的角度来看，“欺骗日”尚未被证明具有显著的益处（部分研究表明它有助于补充瘦素，这种激素帮助我们感知饱腹，但这类效果的持续时间通常非常短暂，且在代谢层面无重要影响）。[3]然而，在心理层面上，允许自己暂时偏离主要目标，大快朵颐地沉溺于平时避免食用的食物中，却带来了实质性的好处。这种做法满足了我们对于食物的渴望，而且当我们知道自己有机会放纵时，那些需要自制的日子会变得更容易忍受。进一步地，人们往往会在“欺骗日”过度放纵，导致身体不适或精力下降，从而通过负面奖励触发器强化了其他健康生活方式的优势。但也许对我们来说，最有趣的是，最近的研究表明，如果把“欺骗日”重新定义为“奖励日”，并将吃巧克力蛋糕等美食视为一种不寻常的庆祝活动（而不是罪恶感的来源），我们实际上就是在引导自己形成更规律的健康饮食习惯。[4]

因此，从短期来看，有节制地屈服于诱惑似乎背离了我们的整体意图，但若对于放纵的方式、时刻以及向何种诱惑妥协保持一份深思熟虑和带有意图的态度，长期来看，这样的偶尔屈服可能是有益的。正是在这种背景与前景的相互作用中，我们得以展现真正的高效能表现。

我们所叙述的故事

在协调反应性注意力与内在的意图之时，最为关键的莫过于我们如何叙述自己的故事。本质上，这是一次重构意图的过程。随着在设定目标和聚焦意图上日益精进，我们应当培育出一种新的自我认知方式，让它与我们的意图共鸣，使行为与思维达到和谐统一。例如，若你志在成为一位博识之士，那么你越是自述“我是一个饱览群书的人”，并且越多地与他人分享这一身份认同，实现此目标的道路便越加通畅。

如此，我们的意图便在幕后悄然发挥着基础的导向作用，免去了我们总需将其置于意识前沿的辛劳之举。阿尔伯特·班杜拉和卡罗尔·德韦克的研究广受欢迎，强调了我们自我对话和思考自己的方式如何影响我们始终按照意图行动的能力。[5,6] 有时候，微小的调整就能带来巨大的转变。例如，德韦克关于成长型思维模式的洞察有这样的主张：与其说“我不擅长这个”，不如说“我现在还不擅长这个”。通过这一细微的改变，我们就能打破自我设限的桎梏。

开放心灵，不期而遇

正如我们所见，意图随着时间的推移而演变是自然而然的。通过让自己对适度的分心保持开放的态度，你就能为新想法或新意图的孕育腾出空间。那些看似让你从当前目标上分散注意力的事物，可能正是将你引领向下一个目标的隐秘力量。

塞西莉亚·佩恩－加波施金（Cecilia Payne-Gaposchkin）的故事是分心的力量与效用的绝佳例证。在剑桥大学攻读植物学专业期间，因为有人临时有事而无法参加，她得到了一张天文学家亚瑟·爱丁顿（Arthur Eddington）爵士讲座的免费入场券。讲座结束后，她非常兴奋，跑回家后几乎逐字逐句地记录了整场讲座的内容。正是这场讲座让她的心灵得以跳出原有的学术轨迹，而这一跳跃带来了意想不到的愉悦。在那个灵光乍现的时刻之后，她决定放弃植物学这一主要研究方向，转而将目光投向物理学和天文学领域。最终，她成为 20 世纪最重要的天文学家之一，在揭示恒星的化学成分和星体温度等重要方面做出了重大贡献。

我们从中得到的启示是，虽然集中注意力是实现意图的关键所在，但有意图地允许自己分心同样是高效能不可或缺的要素。实际上，如果不去培养让注意力有效游离的能力，我们可能会错失那些可以激发全新热情的新事物带来的灵感。所以，去为自己寻找那场属于自己的天文学讲座吧！

第23章
心之流，形各异

我孜孜不倦地劳作，几近两年，只为唤醒一具形同虚设之躯……在这场追逐中，我仿佛失去了灵魂与感知。

——玛丽·雪莱（Mary Shelley），
《弗兰肯斯坦》（*Frankenstein*）

对莱拉（Lila）而言，她位于市中心的工作室始终是她的避风港。这是一个庇护所，让她得以从外界的繁忙喧嚣中抽离。这是一个充满魔力的空间，在这里，颜料与画布的交融孕育出自成一体的小宇宙，这个宇宙不仅仅由她一手缔造，更让她沉醉其中。周六一大早，当踏入工作室时，莱拉感到比往常更加兴奋。她心底那股炽热的期盼如同火种在燃烧。近日来，一个想法在她脑海里悄悄酝酿，而当日晨曦初现时，这个想法终于明晰如晶。

进入工作室后，她脱下运动鞋，踩在油漆飞溅的硬木地板上，朝那个洒满阳光的角落走去，那里有一幅空白画布在等着她。一丝几不可察的微笑悄然浮现，她安坐下来，手握画笔，那份内心的静谧与专注蔓延开来。她取出一大管钴蓝颜料，挤压出一滴浓稠的色块，看着它在调色板上缓缓舒展。接着，她拿出几管不同的颜料，巧妙调和，最终制出理想的蓝绿色。她用画笔轻触那饱满的色彩，随着笔尖在画布上游走，周遭的世界似乎消散了，只余她与心中的晨曦景致，彼此交融，悄然对话。

她一层层地叠加色彩，任由内心深处的意象引领着她的双手。天蓝色的条纹交织着白色的轻语，在画布上缓缓绽放。似乎仅是片刻之后，她抬起头来，方察日光渐隐，斜阳投射的长影横斜于工作室的地板上。莱拉凝望着画布，恍然意识到，一幅捕捉了她晨间所见景象的画作已悄然成型，而此前它不过是一幅空洞的空白画布。她透过窗户望去，只见街对面那家比萨店的霓虹灯招牌亮了起来。肚子在此刻发出了抗议的咕咕声，她这才惊觉，饥饿已然袭来，是时候回归现实，去吃点东西了。

心流是终极目标吗

许多人在生活中的某个时刻都经历过心理学家所描绘的心流。它有众多描述方式，或许最常见的是“在最佳状态”。

米哈里·契克森米哈赖（Mihály Csíkszentmihályi）在1975年首次提出心流的概念，几十年后，这个概念的知名度日益攀升，成为管理学和个人效能文献中非常热门的话题。[1]这一概念重新流行于世，一个可能的解释是社会节奏加快，我们不得不应对的干扰数量已然变得几乎难以承受，而心流似乎是一剂完美的解药。

在心流的世界里，干扰就像是窃取注意力的小偷，让我们更难实现目标。心流被视为自主能动性的终极体现——一种纯粹、专注的体验，一种坚不可摧的心理状态。然而，它并不像人们所说的那样完美。正如我们将在本章中探讨的，真相实际上比那要微妙一些。心流更应被视为一种工具，而非终极目标——一种谨慎用于表达我们意图的工具。

心流是如何运作的

在《心流理论及其研究》中，契克森米哈赖认为，要感受到心流，必须满足两个条件。[2]其一，我们需要投身于一项感觉具有挑战性的活动之中，挑战的程度要适中，既能恰到好处地将我们推离舒适区，又不会使我们完全陷入困顿或无力感之中。如果活动过于简单，我们的注意力便会游离，我们会感到无聊。如果活动难度过大，则可能导致我们感到焦虑和不知所措。其二，活动必须具有明确的目标，并提供即时反馈。这促使我们能够更高度地参与活动，实时监测自己的行为如何影响结果，并由此营造出一种浓烈的自主感。

契克森米哈赖认为，倘若满足这两个前提条件，我们便可能感受到心流。这一状态有以下六大特征：

- 专注于当下的集中注意力。
- 行动与意识融合。
- 自我反思意识消退。
- 对行动有控制感。
- 时间感扭曲。
- 体会到行为带来的内在奖励。

契克森米哈赖的研究始于对像莱拉这样的个体的深入观察。当观察各类工作场所中不同投入程度的人时，他发现艺术家和运动员在全情投入工作时往往会做出极端之举。[3] 许多画家会长时间地沉浸作画，不吃不睡，仿佛迷住了一般。这一切听起来极为美妙，尤其是当我们处于心流这种状态时，大脑似乎拥有一种神奇的机制，能将艰苦的劳作化为轻松愉悦之事。就像是自动驾驶辅助功能，心流可助我们完成那些在我们自己看来可能难以完成的艰难任务。

然而，心流并非尽善尽美。研究发现，心流引人向往之处也正是其潜在风险之处：它是一种极具内在驱动力的体验。这意味着，无论触发心流的是何种任务，心流体验本身可能就会让人上瘾。

心流：形态各异

尽管处于心流这种状态中比心不在焉更令人愉悦，但并非所有的心流体验都是相同的。实际上，也许令人意外的是，并非所有心流都是有益的。早在2008年，安德鲁·撒切尔（Andrew Thatcher）及其同事的研究就揭示了，我们所描述的心流体验既存在于令人向往的状态中，也存在于不那么理想的状态中。[4]在一项涉及1399名参与者的研究中，他们发现有关心流的测量结果与有关互联网的拖延感相关。契克森米哈赖将心流定义为一种生产性的心理状态，如果我们无意识地沉湎其中，可能会导致漫无目的的刷屏。这里再次出现的关键因素是意图——我们需要有意图地选择哪些事物能够让我们进入心流这种状态，以及我们如何利用这些珍贵时刻。

然而，心流的影响远不止这些。正如心流可能导致工作效率降低（比如让人沉湎于无意识地刷屏），心流也可能引发反社会行为。2008年，尤瓦尔·诺亚·赫拉利（Yuval Noah Harari）（畅销书《人类简史》的作者）发表了一篇题为《战斗心流：战争中主观幸福感的军事、政治和伦理维度》的论文。[5]在该论文中，赫拉利探讨了战斗情境是如何常常为心流体验创造完美条件的。他引用了一名美国士兵的话："我感到一种醉酒般的狂喜……这种体验前所未有。当队伍在空地上轮番冲锋时，敌人的子弹从我们身边呼啸而过，我们几乎像训练场上一样精确地转向和冲锋，一股剧痛穿过我的全身，如同高潮一样强烈。”[6]

赫拉利认为，心流并不必然是主观幸福感的表征，而是一种超脱于幸福感受的，为达成重要使命而进入的状态。这层微妙的差异，从进化的视角来看，颇为合情合理——我们进化是为了有用和生存，而非追求快乐本身。因此，从生物学的角度来看，对于那些似乎美好得难以置信的感受，我们应当持批判性的眼光，确保我们利用心流做对我们有益之事。

迈克·迪克森（Mike Dixon）和他的同事研究了赌博带来的“黑暗心流”。[7]他们发现，赌场的老虎机有意或无意地创造了一种近乎完美的心流体验，因为它满足了两个前提条件：适度的挑战难度，以及带有即时反馈的明确目标。随着我们对心流的认知愈加深入，那些旨在助我们维系这一状态而开发的工具也日臻完善。最近，老虎机增加了一种促进进入心流这种状态的机制——“伪装成胜利的损失”（LDW）。当玩家下注一定金额并“赢回”较小金额时，就会出现伪装成胜利的损失——比如，下注 25 美分，“赢回”20 美分。尽管这轮是亏损的，但“赢回”的部分为赌徒提供了即时的正面反馈，为他们创造了更流畅的体验。尽管数字的输赢显而易见，但他们的头脑会给出相反的感受，他们会将损失视为胜利，也会感觉到自己能力十足。

由于心流体验令人愉悦，那些试图吸引我们注意力的人会利用心流这一工具。在赌博等场景中，心流不仅仅是令人愉悦的，更是被刻意利用的，来增加一层额外的上瘾机制。

迪克森发现，心流与抑郁量表的较高分数以及赌博时测量到的主观幸福感之间存在较高的相关性。高峰体验愈发高扬，深渊之陷则愈发深不可测。显而易见，心流远比主流认知中的更为微妙、复杂。

意图性的心流频谱

在其开创性著述中，契克森米哈赖描绘了一种心流境界，它赋予人们浓烈的能力感和自主感。然而，赌博等实例却揭示了，这些感受可能会误导我们。赌徒们或许沉浸于一种高度的自主感之中，但实际上却身处自控力大为削弱的境遇之中。心流的成瘾性质可能引诱我们投身于并不切合我们目标的活动。

主流媒体对于心流的描述往往忽略了它的双面性。心流常被视为一种可直接应用其能动性来实现某些目标的状态。然而，这种将心流理想化的观念往往忽略了这些目标的时间维度。我们的短期目标，例如赢得一局扑克，可能与储蓄购房资金等长远目标背道而驰。唯有当我们引发心流的行为与长远意图相契合时，心流才能真正助益于我们，正如莱拉的例子所示。

回想一下个人生活中的心流体验。当你完成一项工作任务，并从待办列表中划掉它时，你或许会感受到心流。但这项任务是否真正与你更深层次的价值观和目标相一致，对你来说意义重大呢？有时候，心流是否被利用来掩盖某些活动的徒劳无益？这是有可能的。我们需要批判地审视那些引发心流的活动，检视它们与我们的目标是否真正保持一致。内在动机可能是我们成功的关键，也可能成为让我们沉迷于手机而无法自拔的力量。为了阐明这一点，让我们来看看“意图性的心流频谱”。

在心流频谱的一端，我们可能不经意间沉浸于琐碎无益的事物中。而在另一端，我们却能有意图地驾驭心流，将其引导至那些能够助我们实现长期目标的活动上。这两种状态似乎颇为相似，但正因为如此，我们在进入心流这种状态时必须保持警惕——如前所述，心流是对批判性思维的一种临时悬置。

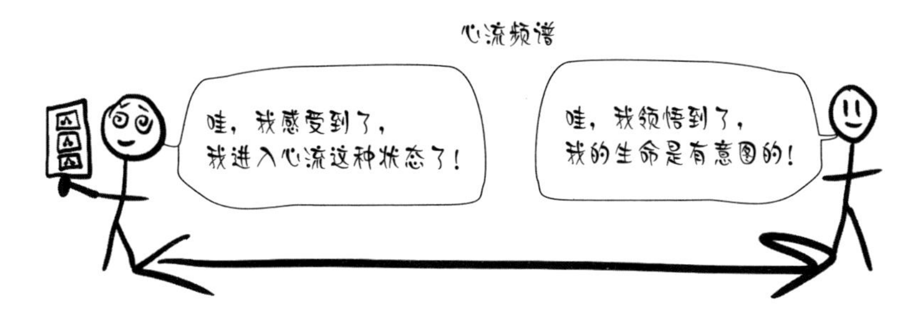

走向倦怠之路的心流

许多人寻求心流来克服职业倦怠，他们的选择并非没有道理——大量研究表明，心流体验能够保护我们免受倦怠之苦。[8] 尽管这听上去是个振奋人心的好消息，但这些研究发现却暗藏玄机。虽然大多数证据将心流与较低的倦怠症状联系起来，但情况也有可能恰恰相反。正如法比安·奥斯特（Fabienne Aust）及其同事所发现的："这种正相关性可能表明，心流体验具有潜在的成瘾性，从而可能导致人们处于工作狂状态，而这种状态又与更高的职业倦怠症状正相关。"[9]换言之，心流实际上可能引导我们耗费巨大的精力，有时甚至可能驱使我们牺牲自己的身心健康。我们认为，关键在于那些引发心流的活动在多大程度上与我们更深远的目标相契合（这些目标理应包括避免职业倦怠）。

让我们铭记在心，痴迷之情往往具有两面性。如果难得体验心流，你可能会记得激情的感觉，这是心流的"近亲"。激情能让你心潮澎湃，但它分为两种截然不同的类型：和谐式激情和强迫式激情。[10]两者在感觉上可能难以分辨，但它们的影响却天差地别。前者滋养心灵，后者却可能会损害你的心理健康。过多的强迫式激情甚至可能导致崩溃，就像强迫性心流一样。

因此，并非所有心流之境均能为我们带来益处，真正让我们受益的，是有意图、与目标相契合、可持续的心流。高效能表现在于参与那些能够引发心流、服务于我们长远目标的活动，而不仅仅是短暂的愉悦感受。

构建团队心流

心流，本质上是一种心理状态，描述了我们感知世界的方式。就像其他心理状态一样，拉莱茨・祖梅塔（Larraitz Zumeta）及其同事的研究表明，心流可以通过社会强化，并与多人共享。[11] 就像我们可以协同行动以实现共享意图一样，我们也可以集体进入心流这种状态。但是，正如个人心流一样，我们面临着团队心流的双刃剑效用。一方面，心流或许意味着一个外科医生团队同心协力以拯救生命；另一方面，它也可能意味着一个人工智能研究团队孜孜不倦地创造出终结人类未来的人工智能。哎！

那么，我们如何在团队中建构这种有意图的心流呢？

积极心理学家杰夫・范・登・豪特（Jef van den Hout）和奥林・戴维斯（Orin Davis）认为，与契克森米哈赖早前提出的个人心流的两个前提条件不同，团队心流需要满足七个前提条件[12]：

1. 集体抱负：我们都为了同一件事而奋斗。

2. 大胆的团队目标：我们都为之奋斗的目标不仅仅众所周知，更是难以达成。

3. 开放式沟通：我们彼此之间坦诚交流。

4. 一致的个人目标：实现我们的共同目标在某种程度上与我们每个人的内心追求相契合。

5. 高度整合的技能：为了实现我们的共同目标，我们都需要运用自己的技能。

6. 安全感：为团队目标而奋斗让我们感到相对安全。

7. 相互承诺：我们都知道我们每个人都在致力于此。

如果这些前提条件得到满足，那么团队成员就更有可能体验到团队心流，其特点是团结一致、共同进步、相互信任以及整体关注。正是这种状态造就了各团队之间的显著差异。值得注意的是，杰夫·范·登·豪特和奥林·戴维斯提出的团队心流框架不仅与经典的个人心流框架不同，而且（或许是不经意间）描述了一种更有意图的心流类型——活动不仅吸引人，也很容易使人有成就感。

正如你所见，共享意图，或者研究者所称的集体志向，是建立团队心流的首要前提。其他特征和前提条件都基于每位团队成员对这一意图的接受、感受到的团队凝聚力，以及（与个人心流一样）确保给予每位成员的任务与他们各自的能力和兴趣相匹配。

归根结底，无论是对于个人还是团队，我们都需要警惕，不要让心流成为逃避现实的出口。尽管心流能赋予我们短暂的极乐，但心流体验本质上不过是我们可以且应该有意识利用以达成目标的工具。它是达成目的的手段，而非目的本身。当寻求心流及其带来的益处时，我们需要保持警醒，无论是对个体还是团队而言，要想在生活中拥有更强的主体感，都需要对心流持更加审慎的态度，并对我们共同奋斗的目标保持清晰的认识。意图至关重要。

第24章
关注团队

团队协作是让普通人实现非凡成就的燃料。

——安德鲁·卡耐基（Andrew Carnegie）

掌握个人的注意力之道或许尚属易事，但创建一个专注的团队则是全新的挑战。在引导他人集中注意力这件事上，我们能做的工作有限。与其企图对团队成员进行微观管理，不如营造一种环境，为他们的卓越表现铺平道路，为类似心流的状态提供滋养。在这样的环境中，团队可以超越自我局限，真正实现整体大于部分之和。但这很难。在我们的调查中，近四分之三的受访者表示，他们从未在团队中体验过心流这种状态。作为团队成员或团队领导者，我们都有责任营造这样的环境，使团队心流得以实现。

> 73%的人表示，他们从未在团队中体验过心流这种状态。

某一年的夏天，迈克在Kijiji工作，这是一家隶属eBay的加拿大在线分类广告创业公司。在此之前，迈克主要从事法律工作，他对所在产品团队内部存在的大量分歧感到惊诧不已。经过一次艰难的会议，迈克的想法遭到了全面的挑战，特别是有一个团队成员强烈质疑迈克的想法，这促使迈克采取了行动。他向他的老板安德鲁求助，询问是否可以把他或那个团队成员调至另一个团队，或者至少让安德鲁和那个反对者谈一谈，提醒对方的反对意见言过其实。然而，安德鲁的回复是，调动是不可行的，他也不打算责备那个团队成员。他反问迈克："难道不正是因为他的挑战，反而让你的想法变得更好了吗？难道不是他才迫使你深入挖掘一些你平时可能不会探究的细节吗？"显而易见，确实如此。迈克那天学到的宝贵一课是，一个人必须要施用更隐秘的手段压制对手……不，真正的收获在于，冲突和挑战可能极为有益，尤其是当它们促使人们更加专注时。异议可以帮助我们集中集体注意力。

没有什么比战斗更能让你集中注意力

回想一下，你上一次在工作中遇到意见相左或目睹一场争执是什么时候。那次争执是如何改变你对当下情况的注意力的？在团队有所争执的期间会发生一种有趣的现象：团队的注意力会突然之间转移到别处。虽然这通常给人感觉像是偏离了正轨（这正是迈克感到恼怒的原因），但这一行为可能大有用处。除了第 18 章提到的益处之外，异议之所以能促使团队做出更明智的决策，一大原因在于它促使人们更加关注细节。[1] 当迈克的同事提出异议时，这些反对意见迫使迈克更深入地研究自己最初的想法，以证明这些想法的价值。异议激发了团队的创造力，让那些原本被动的袖手旁观者转变成了积极的倾听者，以崭新的视角审视细节。[2] 这一点或许值得我们加以强调：团队成员之间的意见分歧会让每个人都更深入地参与讨论。一些极端的情况，比如一场激烈的会议，可能会让我们怒火中烧、热血沸腾，但如果处理得当，这样的交锋无疑可以提升团队的整体绩效。

这一切如何帮助我们凝聚团队呢？事实上，适度的挑战和逆境有利于锤炼团队注意力。研究表明，那些能够在一致与不一致之间灵活摇摆、旨在寻求一致性而非持续追求共识的团队，比那些不鼓励分歧且持续追求共识的团队表现得更为卓越。现在，让我们来了解一个简单的工具，它可以确保所有团队成员都与他们试图实现的目标保持一致——“1-2-3 模型”。

运用“1-2-3 模型”解析团队协作

在不经意间，我们或许已遗忘了人类注意力有多脆弱——它不善同时专注于多重任务。[3,4] 尽管如此，我们仍旧习惯于给团队成员一次性安排多项任务和组织面临的挑战。当任务过多时，我们很容易忘却大局。那么，我们如何才能让团队成员专注于自身职责，同时能认识到更长远的共享意图呢？

一个简单的模型——“1-2-3 模型”应势而生，它可以帮助我们平衡这两点。每个团队成员都应该知晓：一项组织的总体目标（1），两项自己所在部门的主要职责（2），三项在短期至中期内自己个人负责达成的任务（3）。显然，这六项内容应相互关联，以便使三项任务支撑两项主要职责，而所有这些都服务于总体目标。“1-2-3 模型”旨在矫正现代组织中的缺陷，这种缺陷促使团队成员过多地关注于自身面临的挑战，而感到与组织的终极愿景日渐疏远，终至“只见树木，不见森林”。

例如，想象一下，在足球场上，守门员正在参加一场重要的比赛。守门员的职责何在？大多数人或许会想当然地认为，守门员的任务无非是阻止球越入球门。但实际情形远比这更复杂。包括守门员在内的每位队员，首要目标都是赢得比赛。这个目标高于一切，其他一切都围绕它展开。这就是守门员要面对的组织的总体目标（1）。守门员及其他队员的两大职责则是策动进攻与防守对方（2）。优秀的守门员能够平衡这两个角色，既能出击参与进攻，也能及时回防破坏对方的进攻。守门员在任何时刻都有三项任务（3）：①当球进入自己的控制范围时，守门员必须将球传至远处；②守门员必须向队友传递进攻信号，因为守门员有着独特的视角，可以看清场上的局势，洞察对方队员如何应对进攻；③守门员必须关注自己最基本的责任——阻止球进入球门。就像其他类型的组织一样，如果守门员将自己的角色局限于最后一项任务，就会忽略自己在整场比赛中的综合贡献。有些守门员甚至还担负了额外的角色——以罗热里奥·塞尼（Rogerio Céni）为例，他是历史上进球最多的职业守门员，在职业生涯中共计打入131个球！

让我们把这个简单的模型应用于实践。请花费片刻自问：我是否清楚自己的“1-2-3模型”是什么？我所在团队的其他成员是否对此也了然于胸？现在就开始尝试吧。

1. 你正在帮助组织实现的一项总体目标是什么？不要只是复述组织的使命宣言，而是真正地思考：在组织的宏观蓝图中，你究竟为何奋斗？是为股东赚钱吗？还是为了一个更广泛的目标，为了服务社区中的一部分人群？你所在组织的每个人都在努力追求的终极目标是什么？

2. 作为组织的一员，你的两项主要职责是什么？如果让你用宽泛的定义来描述你应该花时间做的事，它们会是什么？作为人力资源专业人员，迈克认为他的两项

> 主要职责是确保合适的人选承担恰当的职责，并营造一种支持性的企业文化。他所做的每件事都可以归入这两项定义宽泛的活动之一。
>
> 3. 你最应承担的三项具体任务是什么？这与远景目标无关，而有关你每天做的中短期工作，这些工作构成了你的职责，并服务于你正在协助实现的总体目标。

扪心自问你的“1-2-3模型”是什么有助于你厘清思路、保持一致性并集中注意力。显然，这是我们每个人在组织中复杂角色和职责的简化版。但是，在理想情况下，做这个练习可以促使你从日常琐碎中抽身而出，更深刻地洞察自我定位及应投注之焦点。对你的团队来说，这也是一个有益的练习，可以建立必要的一致性，为建立高效团队所必需的凝聚力提供契机。

创建开放路径

尽管表面上来看这似乎不言而喻，但仍然需要提醒各位，所有团队成员都需要获取相关信息。管理层不仅需要确保组织内自上而下的信息共享畅通有效，还应该为团队成员之间的信息共享创造条件。研究表明，将工作场所构建为鼓励信息共享的，可以创造一种开放协作的文化，团队成员更有可能积极参与集体决策。[5] 为了创建一种开放协作的文化，成员需要感到有动力去共享信息。领导者可以通过减少地位差异、增强团队凝聚力和增强责任心来实现这一目标。

集中团队的注意力，为积极的互动创造条件，这样更有可能创建一个高度专注的工作环境，从而使个人和组织目标保持一致。我们每个人都有自己独特的注意力手电筒，但当我们将其照向同一方向时，便能激发更加耀眼的光芒。引导团队成员的注意力并不需要使用专制式监视——只需要积极地融合专注的协作和异议，就能够赋予团队成员力量，使他们发挥最佳表现力。

第 6 部分

习 惯

第25章 表现卓越的根基

人的习惯确实比他的行为更有力量。

——拉宾德拉纳特·泰戈尔

（Rabindranath Tagore）

修女麦当娜·布德尔（Madonna Buder）1930年7月24日出生于美国密苏里州的圣路易斯。她是三个孩子中的长女，自幼在严格的家教和深厚的天主教氛围中成长，这使她早年便立志投身于教会事业。

她确实这样做了，她在天主教修道院中度过了人生中的大部分时光，始终是一位模范修女。在她48岁时，一位名为约翰的神父建议她尝试去海滩跑步，告诉她锻炼身体可以改善她的心理健康水平，也能让她更好地投身于教会事业。于是，布德尔在一堆捐赠衣物里寻得一条旧短裤和一双旧运动鞋，踏上了跑步之旅。从此未曾止步。

她将自己在服务于修道院时所培养的自律精神延伸到了身体训练上。以在修道院中建立的良好生活习惯为基础，布德尔开始有意地专注于增强自己的体力和耐力，以实现她的目标。她的日常活动很简单：早起游泳，继而骑自行车，再接以跑步。尽管这样的方式看似简单，但结果却堪称奇迹。

在撰写本书时，布德尔是有史以来完成铁人三项比赛的最年长的选手——她以 82 岁的高龄完成这一壮举。这项赛事包括 2.4 英里的游泳、112 英里的自行车骑行和 26 英里的跑步。自从 52 岁第一次参加铁人三项比赛以来，她完成了超过 340 场铁人三项比赛和 45 场超级耐力型铁人比赛。她一次又一次地挑战极限，忍受了数十处骨折，仍选择坚持不懈。

布德尔因在 2016 年的耐克广告中展示其晚年成就而闻名，但她更是习惯之力量的杰出代表。我们之所以这样讲，并不仅仅因为她所展现的外在成就。她通过简单的日常习惯，重复运用意图的力量，这为她带来了“复利效应”，终使她成为一名非凡的运动员。她对长期习惯坚持的承诺与她的年龄一样值得称颂，甚至更显珍贵。正如她自己所说：“我如同遵循宗教仪式般地训练。”

我们的习惯构成了我们身份的核心特征。它们不仅塑造了他人对我们的看法，也决定了我们生命的轨迹。

关于习惯形成的变革性本质，有很多出色的著作，我们尤为推崇詹姆斯·克利尔（James Clear）的《掌控习惯》（*Atomic Habits*）和查尔斯·都希格（Charles Duhigg）的《习惯的力量》（*The Power of Habit*）。在这里，我们想要着重讨论习惯对实现个人意图而言所扮演的关键角色。

刻意习惯的基石

无论多么努力地活在当下，所有人注定都会在生活中养成习惯。我们的大脑没有足够的运算能力，如果不依赖于习惯性的做法（比如早晚刷牙或出门时拿钥匙）就无法度过日常一天。通过自动执行常规任务，我们可以将注意力转移到生活中需要更多关注的部分。这是好事！正如之前所提到的，专注是一种超级能力，有意图地这样做可以帮助我们最大限度地提高成功和高效能表现的可能性。

习惯本身并没有好坏之分。每晚的牙线清洁与早晨的咖啡配烟一样，都是习惯。正如其他一切事物，我们的意图决定了习惯是否有用。就像意图依赖于习惯一样，成功的习惯也依赖于意图。

有意养成习惯有两个步骤。第一个步骤是形成习惯。你从你的重复行为中获得了什么？比如说，周五晚餐后你总是和家人一起散步去买冰激凌。当然，这可能与你减少摄入垃圾食品的目标背道而驰，但你可能更珍视这种“家庭传统”和高质量的家庭时光，体内多余的垃圾食品就不值一提了——这可能于你而言是一个值得保持的习惯。

第二个步骤是重新评估。就像我们的信仰一样，我们要确保我们的习惯不是“遗风余习”。如果你开始担心自己的认知能力会衰退，决定要多多尝试挑战你的大脑，那么在乘坐列车通勤的早晨，做填字游戏可能比读垃圾小说更好？我们今天为自己养成的习惯，不一定与五年后努力培养的习惯一致，因此，不断重新评估是取得长期成功的重要因素。

在形成习惯和重新评估时，要考虑其两面性：习惯既可以是我们要做的行为，也可以是我们要避免的行为。以畅销书作家、著名习惯研究专家詹姆斯·克利尔为例。虽然克利尔无疑是一个高效能者，但他也像其他人一样容易养成坏习惯。在开始写《掌控习惯》一书时，他预见到，在手机上查看社交媒体平台的内容可能会在未来一年内耗费他数百个小时。[1] 他没有做无谓的抵抗来戒除坏习惯，而是将行为自动化。他让助理在每周一早上更改他社交媒体平台的登录密码，只在周五晚上才能给他提供登录密码。克利尔通过限制自己接触负面习惯的机会，自动化了他的决策过程。而最妙之处在于，他预见到了自己习惯的潜在后果——并在它们控制他之前有意地控制了它们。正如第 22 章提及的奥德修斯一样，克利尔实际上将自己束缚于理智的桅杆上，巧妙避开了社交媒体平台那诱人的塞壬之歌。

习惯：实现意图的工具

意图即起点，习惯为跟进。我们打算完成的事情远多于我们实际做到的。也许我们的意图是下午去锻炼，或者那个一直缠绕心头的念头——给一个许久未联络的老朋友打电话。如果没有跟进，意图几乎毫无用处。至少从长期来看，如果缺少有意图的习惯，跟进几乎也是不可能的。

我们可以刻意完成1次行动甚至5次行动，但要重复完成5000次则很难。习惯需要某种程度的自动化才能成功。

我们或许无法在82岁时完成铁人三项比赛，但可以通过培养习惯来支持我们的意图，从而获得提升，反之亦然。在本部分中，我们将深入探讨意图和习惯如何共同改变我们的生活。正如圣雄甘地那句发人深省的格言所说：“行动成为习惯，习惯成为价值观，价值观成就命运。”

第26章
驭心术：掌控无意识行为

习惯，始如蛛丝般脆弱，终成铁缆之坚固。

——西班牙谚语

习惯在我们的日常生活中占据的比重之大令人讶然。在21世纪初期，颇具影响力的心理学家温迪·伍德（Wendy Wood）开始研究我们对习惯的依赖究竟有多深。[1]她的团队设计了一项日记研究，邀请参与者连续数日逐小时记录自己的活动情况。经过两次此类独立研究，伍德和她的同事发现，人们记录的日常行为中有大约40%属于习惯性行为——日复一日，无须过多思考便自动执行的行为。习惯，塑造了我们的生活。

我们是如何形成那40%的生活习惯的，这可能会在我们浑然不觉间深刻地改变我们自身。这些习惯可能微不足道，但它们所具备的连贯性是我们生活中最为强大的力量之一。任何一位财务规划师都会向你称赞复利的神奇，它的力量源自一个简单的原理：哪怕是始于毫末，日积月累，最终也能成为一笔可观的资产。

想象有这样两位追梦人，艾达和米拉，她们都怀揣着射箭之梦，却苦于时间短缺。艾达思忖自己今年太忙，无法挤出时间练习，所以她决定在明年休假时开始射箭训练。米拉也没有太多时间，但她决定每天只花10分钟来提升她的技能。如果艾达和米拉都以1级的技能水平起步（仅仅是一种假设），且米拉的射箭技能每天可以提高1%，那么在365天后，艾达将从1级开始她“真枪实弹”的训练，而米拉的技能水平已经达到了1.01的365次方，大约是37.8（$1.01^{365} \approx 37.8$）。这拉开了非常大的差距。

然而，习惯的力量不仅能催生成就，也能招致颓废。如果米拉养成了消极的习惯，她的射箭技能每天下降1%，那么同样经过365天后，她的技能水平将跌至0.99的365次方，大约为0.025（$0.99^{365} \approx 0.025$）。在射箭的世界中，我们尚未明了37.8或0.025的确切含义，但无疑的是，这一法则普遍适用于大多数技能。我们亲身实践了每天10分钟的学习法，不仅掌握了西班牙语和意大利语，还变得相当擅长冥想，甚至在饼干烘焙方面也颇有建树（至少人们是这么夸赞的）。你该明白：习惯之所以强大，正是因为它们的累积效应。当然，这种效应并不仅限于技能。习惯的威力还影响着我们的健康、人际关系，乃至我们对生活的投入程度。

> 请自问——有没有那么一项技能，是你可以每天花10分钟来提升的？最好无关需要长途跋涉或大量投资的事情。尝试坚持30天（每天仅仅花10分钟），然后观察会发生什么。你可能会发现，自己的这项技能比之前提升了1.347倍，更可能的情况是，你发现自己想要投入更多的时间来做这件事情。

在进行日记研究时，伍德和她的团队希望了解人们在做出日常习惯性动作时的心智活动。他们在多大程度上是活在当下，掌控着自己的行为的？研究结果显示：大多数情况下，当重复习惯性动作时，人们并没有在心理上真正处于当下。大多数人会让自己的思绪游离于当下自己正在做的事情之外。想一想你已经走过或驶过一百次的那条路线吧。对大多数人而言，这样的行程几乎是在无意识中完成的——当然，除非你居住在如蒙特利尔（本书作者就住在这里）这样的城市，这里有出人意料的新坑洼、建筑工地、分心的司机和骑自行车的人，这使任何路线都难以真正形成习惯。

这种不假思索的自动性是习惯的一项常见特征。实际上，无意识的行为正是习惯定义中的一部分。耶鲁大学心理学家约翰·巴格（John Bargh）在其研究（包含一篇论文，它的标题是我们遇到的最佳标题之一——《难以忍受自动化的存在》）中提到，习惯往往伴随着“自动化的四骑士”。[2]这四骑士分别是效率、意识缺失、无意图性和不可控性。习惯远不止于重复——它们是无意识的。

习惯：福兮祸兮

我们所拥有的这种高比例的相对无意识的习惯性状态，乍看之下，似乎与有意图的生活格格不入，然而事实却颇为复杂。虽然所有习惯在执行的那一刻都是无意图的，但其中一些深植于强大意图的基石。若运用得宜，习惯便是助我们达成长远志向的利器。当我们能够有意图地培养它们时，它们便成为超能力。相反，若是在无意图的状态下养成习惯，这些习惯有可能成为摧毁我们生活的最为凶险之力，因为习惯一旦养成，就会产生深远的影响。习惯犹如水滑梯，你可以选择跳入哪个滑道（或许随机而为），但一旦启程，想要改变轨迹便显得异常艰难。

习惯之所以棘手，并非在于它们的自动性，这恰恰是其优势所在。真正的挑战在于，习惯是某个特定瞬间的长期表现，由来自内在事物（比如情感）和外在事物（比如物品）的提示不断维系。习惯可以在具有强意图性的时刻感应而生，正如“铁人修女”布德尔决定穿上那双陈旧的运动鞋开始跑步（“如同遵循宗教仪式般地训练”）的刹那。然而，习惯也可能在脆弱的瞬间扎根，就像你在压力之下尝试了那一支烟，而多年后依旧烟雾缭绕。

习惯：彰显意图

习惯是我们可以驾驭的工具，用以实现我们的意图。在 2014 年的一项研究中，玛丽克·阿德里安斯（Marieke Adriaanse）和她的同事利用实证数据展示了某些相当反直觉的现象。[3] 过去，人们一直认为较高的自我控制基线水平有助于人们以抵制诱惑的方式来保持健康——“如果我能抵制那个甜甜圈，那一定是因为我能够在那一刻运用超凡的自我控制力，从而远离诱惑”。但是，正如研究团队所展示的，尽管这个假设听起来非常合乎逻辑，但它实际上却是错误的。他们的研究结果表明，应用自我控制力与适应性习惯的形成更为密切相关。这意味着什么？事实证明，健康饮食者在那一刻并没有拥有超人的自控力，他们只是擅长养成好习惯。他们不一定更擅长抵制诱惑，相反，他们更擅长先养成避免被诱惑的习惯。所以，即使运用意志力不是你的强项，也并非全无希望。习惯可以用来引导我们的意图走向现实，甚至比纯粹的（且希望它是无限的）意志力更为有效。

然而，我们大多数人将习惯视作刻板不变，而把意志力当作弥补习惯的“权宜之计”。我们可能认为，现在放弃每晚的甜点为时已晚，但我们说服自己，明天早上会通过锻炼来弥补。遗憾的是，这种策略很少奏效，你自己可能也有亲身体会。习惯，并不是宇宙强加给我们的一系列随机行为。它们是我们过往目标的幽灵（比如早睡）——一道不会激起当下任何抗拒就能顺利得到执行的指令。

习惯成自然

由于习惯具有自动性，执行习惯往往很容易。但这未必等同于习惯所涉及的行动本身就容易执行。许多习惯是困难或复杂的，轻松来自走了阻力最小的路。这就是习惯循环的力量。

“习惯循环”这一术语如今家喻户晓，它最初是由普利策奖得主、作家查尔斯·都希格在著作《习惯的力量》中提出的，此后便在心理学家、神经科学家以及科普传播者中广为流传。[4] 习惯循环将习惯分解为三个阶段：

- **诱因（the cue）**：激发我们养成习惯的需要或愿望的触发因素。这些因素或内在或外在，可能是闹钟响起、特定时刻，抑或一种压力感。
- **常规（the routine）**：习惯本身。比如你每晚吃一份冰激凌、睡前刷牙或是刷手机。
- **奖赏（the reward）**：行为的结果。比如糖分的甜美、洁净的牙齿，或是社交媒体平台带来的多巴胺激增。

习惯循环及其相关概念，如强化作用，是神经科学领域被深入研究的核心主题。得益于麻省理工学院的安·格雷比尔（Ann Graybiel）博士等研究者的贡献，我们现在对大脑如何塑造和维系习惯有了丰富的认识。[5] 在 20 世纪 90 年代末期的研究中，格雷比尔揭示了一个被称为基底神经节的大脑区域（具体而言，是纹状体），其活动与习惯性行为的学习和执行息息相关。

纹状体与大脑的许多其他部分相连，它不仅负责调节运动，还参与目标设定。这也是为何习惯一旦形成便感觉轻而易举的原因。刚开始培养某一种习惯时，需要大量有意图的注意力与努力。但随着行为的不断重复以及与预期奖赏的联结，大脑开始重构自身，以简化行为过程。通过一种被称为赫布型学习的机制（如同老话所说的，“同步激发的神经元会相互联结”），习惯在大脑的多巴胺系统中变得越加紧密交织，每一次重复时所需的认知努力也越来越少。这不仅使新习惯更易执行，还带来了更加丰厚的奖赏。从这一视角看，我们的神经系统积极地鼓励习惯的自动化。

然而，习惯养成的过程往往比我们想象的要复杂或微妙得多。基于习惯在我们大脑中的布线方式，它们往往追寻那些最直观的奖赏，比如一颗糖果带来的葡萄糖值激增，或是社交网络平台上点赞所虚假渲染的被爱之感。因此，如果我们的习惯形成机制不被驯服，它们便会继续偏向即时之赏而非长远之益，这可能与我们有意追求的变革背道而驰。重构这一系统的关键在于奖赏阶段。

例如，如果我们习惯的奖赏与我们的行为相距甚远，循环的建立便会显得困难重重。洗个冷水澡或许感觉很棒……但这份快感往往要在忍受了刺骨寒意的十分钟后才姗姗来迟。行为与奖赏之间的这段延迟，要求我们投入更多的有意图的努力来重新布线我们的大脑。在蒙特利尔的冬季尤为如此——花洒里流出的物质更像是凝固的沙冰而非液体。因此，你或许会有意识地将那份奖赏与你逃离花洒并迅速将自己裹入等待已久的浴巾时产生的温暖感受相连。换言之，和世间万物一样，若想要培养出有益的习惯，我们就必须投注意图，用心雕琢。

培育有意图的习惯模式

如果你渴望从零开始塑造一个新习惯，最佳的起点在于留心那些可能孕育新习惯的时刻。正如我们了解到的，自我控制更应运用于习惯的塑造而非抗拒既定的习惯。由于习惯往往由周遭环境触发，环境中出现任何变动都是培养新习惯的良机。换了新工作？留意在新职场中你所形成的习惯。搬入新社区？在安顿过程中，刻意规划你的时间。你的新日常可能会成为未来岁月生活的一部分。

同理，我们可以有意图地调整自己的环境来培育更佳的习惯。这些调整也不必像搬家那般剧烈。比方说，若你想要增加阅读量，可以在每周五工作结束后的回家途中顺道前往图书馆。或者，如果你期望自己的体力更加充沛，那就重新布置家中的空间，创造出一个专属于锻炼的角落吧。

瓦解不良习惯

瓦解既有习惯对我们的大脑而言是一项艰巨的挑战。随着习惯变得根深蒂固，它们逐渐成为我们身份的核心组成部分——要解决这一难题，我们需要采取一种缓慢而细致的方法。首要之务是提升自我意识。正如贾德森·布鲁尔博士在成瘾领域的研究中指出的，意识在某种程度上可以被视为一种解决习惯问题的大脑黑客技术。[6]我们的奖赏系统是维持习惯的强大驱动力，同样，该系统也可以用来颠覆习惯。用布鲁尔及其同事的话来说："让人们意识到自己的主观体验和行为可以引发对不良习得行为的重新估价，进而导致自我控制的转变，这种转变能够实现持久的行为改变，无须借助外力。"[7]换句话说，一旦我们意识到自己已经养成了不良习惯，单是这份意识就可能触发我们行为的改变，从而削弱坏习惯的力量。

运用意识意味着要注意那些早已形成的习惯循环。先识别出那些与你的既定目标背道而驰的行为，并开始留意潜在的诱因。你是否压力大时更容易寻求甜食或咸食的慰藉？你是否一听到铃声响起就会不自觉地查看手机？一旦你意识到自己拥有的习惯循环后，请深入思考从中获得的奖赏。奖赏真的如你所想的那么令人满意吗？是否有可能寻找到一种更加有意义、更符合你价值观和意图的奖赏？你认为那些选择健康食品的人通常感觉更好还是更差呢？布鲁尔认为，通过不断地自问这类问题，并真切感受自身行为的后果，我们便能够成功地重构习惯循环。

一旦你对自己的习惯有更多的认知，你就可以开始重构大脑的征程。尽管这似乎是一项令人望而生畏的任务，但你并不需要具备神经科学专业知识才能尝试去掌控自己的奖赏机制。你可以从理解临床心理学家黛安娜·希尔（Diana Hill）创建的富有价值观的习惯循环入手。[8]这一方法为你提供了替代习惯，目的是满足你当前习惯所满足的情感需求。[9]通过将你期望收获的重新导向与你价值观相契合的习惯，你便能够瓦解并重构那些根深蒂固的习惯循环。显然，知易行难。我们将在接下来的章节中深入探讨如何瓦解与重构习惯。此处作为起点，不妨更深入地思考一下构成你某些习惯的各个要素。

要做到这一点，不妨试试这个控制圆圈练习。

1. 先写下一个你想改变或瓦解的习惯。让我们以“更健康地饮食”为例，这是一件日常但重要的事。

2. 然后取一张纸，绘制三个相互嵌套的圆圈（类似于飞镖靶）。

3. 为中心圆圈写下你能完全掌控的与该习惯有关的所有事项——例如，列出购物清单并在购物时严格遵守，学习新的食谱，或是避免在快餐店就餐。

4. 为中间圆圈写下你无法掌控但在某种程度上仍可施加影响的与饮食相关的事项——比如，当下的饥饿感、对沙拉的喜爱程度、在工作中承受的压力等。

5. 为外层圆圈写下生活中那些与你的饮食相关的，确实会影响你但你感觉既无法控制也无法影响的各事项（它们困扰着你）——例如，从小形成的饮食习惯或健康食品的价格。

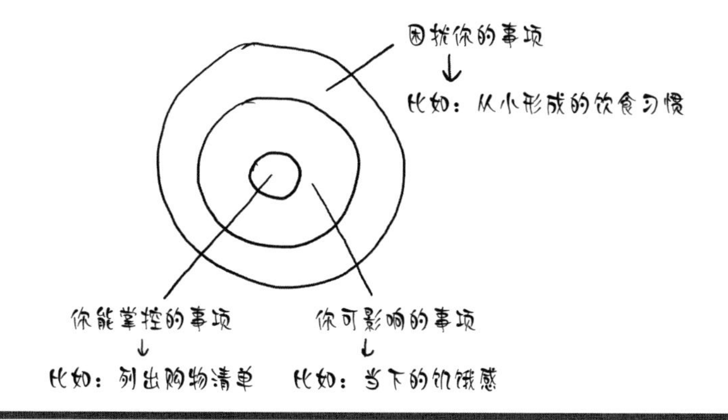

审视你绘制的圆圈，你是否把情感与精力投入了恰当的环节？理论上，你应当运用中心圆圈的事项来影响中间圆圈的事项，并且尽量不在外层圆圈的事项上耗费太多情感。显然，知易行难——你需要找到那些适合自己、贴合个人习惯和生活状况的对策。并非人人都能在下班后即刻慢跑，而不是去吸烟休息。如果你不知道如何规划日常生活来避免坏习惯，不妨试着采用一种高效的习惯培养策略：习惯叠加。

叠加你的习惯

将你的习惯想象成一段计算机代码，在设定的时间循环中自动执行。虽然改写代码或许颇具挑战，但在其中加入一小段新的代码则相对容易。这种方法被称为习惯叠加——将既有习惯作为新习惯的锚点。

习惯叠加是一种执行意图的行动规划，一种对未来行为的预演。这一策略由《掌控习惯》的作者詹姆斯·克利尔所倡导，在本书的第25章有所论述。其实践方式简洁明了：[10]

[既有习惯]之后（之前），我将进行[新习惯]。

此法巧妙利用了我们日复一日形成的习惯力量。与其空洞承诺你打算每天都去做伸展运动，却又不断拖延，不如将其与另一个日常习惯捆绑。在你完成每晚刷牙和洗脸的例行程序后，抽出十分钟来伸展筋骨，再上床睡觉。一旦晚间做伸展运动的习惯固定下来，你就可以添加其他事项。在刷完牙、洗完脸、伸展筋骨后，在上床睡觉前列出三件心存感激的事情。通过习惯的层层叠加，你可以为自己创造一系列有意为之的行动信号——洗脸是拿出瑜伽垫的提示；卷起瑜伽垫又是开始做感恩练习的提示。

重构你的大脑

大脑生来便能辨识目标，对它们进行优先排序，并将最能带来满足感的目标转化为习惯。这就减少了我们必须投入的以目标为导向的思考，让我们有更多精力去考虑其他目标。大脑试图借此设置助我们一臂之力，然而，那些最鲜明的有直接回报的目标并非总是心之所向。有意图地塑造习惯，就意味着在习惯形成过程中成为一位更积极的参与者。来回顾一下我们的收获：

- 当你的大脑在培养一个新习惯时，要更加警醒，并自问："我真的愿意让这种行为无意识地、持续地支配我的生活吗？"
- 鉴于习惯常由周遭环境所触发，将环境变化作为改变习惯的利器。
- 对于既有习惯所带来的奖赏，培养更深层的意识与洞察。

- 将新习惯叠加在既有习惯之上，以此加速新习惯的形成与内化。

在我们的生活中，近一半的时间都是由习惯构成的，因此，学会培养新习惯，瓦解既有不良习惯，会让我们迈向一种更有意图、更自主的生活。这一过程可能充满挑战，但不刻意塑造习惯，犹如未能将自动驾驶仪导向正确的目的地一样——最终结果可能非你所愿。当你思考自己理想中的生活习惯图景时，记住这是一场所有人（包括本书的三位作者在内）都面临的挑战。然而，挑战自己去追逐所想，会让你收益丰硕。

第27章
发掘内在力量

不能自我主宰的人，不自由。

——爱比克泰德

16岁那年，丹迷上了费德里科·费里尼（Federico Fellini）的电影《八部半》（*8½*）。每当马塞洛·马斯楚安尼（Marcello Mastroianni）现身荧幕，丹都会被他那毫不造作的魅力击中。他被马斯楚安尼那沉静的力量所震撼。尽管未曾踏足意大利，但随着对意大利文化的深入探索，丹越发确信那里才是他的归属。

在一次意大利之行中，丹列出了一份罗马餐厅的名单，这些地方是隐藏的珍宝，未被普通游客所知晓。还有一次，他拜访了意大利北部的一家微型橄榄油生产商，了解到真正的顶级新鲜橄榄油带有一丝胡椒味，近乎苦涩。[⊖]每一次的旅途都让他更加明白，意大利是他的天命所归。倘若他能讲一口流利的意大利语该多好。

但学语言究竟有多难呢？他每天留出时间学习词汇与语法。他买了一套语言学习课程，并虔诚地跟随课程学习。最初，一切似乎顺风顺水，就像马斯楚安尼在荧幕上展现的风采般轻松自若。然而很快，每当翻开那本厚重的意大利语语法书，他就会感到一阵恐惧。那些幻想中与西西里乡村老奶奶们闲聊的场景逐渐被对学习的轻微焦虑取代，学习意大利语成了一桩苦差事。

究竟发生了什么？为什么一个原本用以点燃他激情的日常习惯会令人如此痛苦？他并不懒惰，也未曾失去专注的焦点。对意大利的一切美好，他的热情依旧，从未减退。答案就藏在动机之中。实际上，丹的热情之所以退潮，可以通过心理学界一位杰出叛逆者提出的具有开创性的动机理论来解释。

20世纪70年代的行为主义思潮

20世纪70年代，叛逆者如群星闪耀。从安迪·沃霍尔（Andy Warhol）和琼·杰特（Joan Jett）到亨特·S. 汤普森（Hunter S. Thompson）与格洛丽亚·斯泰纳姆（Gloria Steinem），打破壁垒是成就文化偶像的必经之路。或许其

⊖ 疑原文有误。

中鲜为人知的一位，就是行为主义方面的叛逆者——爱德华·德西。

行为主义是20世纪初兴起的思想流派，主张我们的行为来自外界的条件反射。即使你从未听说过行为主义这个名字，你也一定对它有所了解。世界级的研究先驱，如约翰·沃森（John Watson）、B.F. 斯金纳（B.F. Skinner）以及伊万·巴甫洛夫（Ivan Pavlov，连同他的狗）等，都为该领域做出了贡献，为心理学中一些最有影响力和最基本的概念奠定了稳固的地基。这些概念不仅帮助我们理解了我们大脑的工作机制，还在模拟这些机制（例如通过强化学习）以构建人工智能方面发挥了至关重要的作用。

然而，尽管行为主义有助于推动心理学和神经科学的发展，但行为主义的概念似乎缺少了一些人性。就在这时，德西横空出世。

身为罗切斯特大学的实验心理学教授，德西虽然受到了行为主义的熏陶，但认为人类行为远非环境刺激的响应总和。他坚信，人类是自身命运的积极编织者和主动参与者，是自己生活的主角——如果你愿意这样做的话。因此，他扩展了行为主义，以使我们的主观能动性有所体现。

德西在1971年展开了自我决定理论的初步探索，他设计了一个SOMA立方体试验。他将参与者分为两组，让他们挑战同一个数学难题：一个可以拆解并重新组装的立方体。一组人会因拆解立方体而获得报酬，另一组则不会因拆解立方体而获得任何报酬。完成任务后，德西会告诉参与者他需要暂时离开几分钟，其间大家可以自娱自乐。那些获得报酬的人选择了翻阅身边的杂志来打发时间。但是，那些没有得到报酬的人呢？他们又去玩立方体了。

德西的SOMA立方体试验颠覆了行为主义对奖励效应的传统见解，揭示了奖赏有时反倒会削弱人的内在动机。这一发现虽具突破性，但让他在科学界更显孤立。他在行为主义同侪中树敌众多，试验成果的出现更是雪上加霜。正是在这段时间，德西在罗切斯特大学校园里遇见了理查德·瑞安——一位同样想挑战现状且有哲学底蕴的思想者。

两人携手开展了一个试验项目，最终在1985年著成《人类行为中的内在动机与自我决定》（*Intrinsic Motivation and Self-Determination in Human Behavior*）一书（第9章有简要提及）。自我决定理论，作为最有影响力的现代动机理论之一，就此诞生。

当无人注视时，是什么在驱使我们前进

自我决定理论（self-determination theory，SDT）揭示了三种基本人类需求，这些需求激发我们的自主行为：自主性、能力感和关联性。能力感意味着我们希望在自己选择的任务上不断精进；关联性则是指我们渴望与他人建立联系。然而，在讨论意图与意识时，我们特别关注自主性这一要素。

德西和瑞安的研究发现，提供外部奖励以促进特定行为，可能反而会抑制这些行为。一个典型的例子就是鼓励献血。根据世界卫生组织的报告，仅实行自愿献血制度的国家通常比实行有偿献血制度的国家有更多的献血者。[1]

那么，我们从自愿献血中获得了什么呢？预测捐赠行为的最有力因素并非金钱或免费零食，而是利他主义心态。[2]我们出于内心的善意（以及体内的充足血液）而选择献血。如果我们因为献血而获得金钱，那么这份内在的动机便会被削弱。当然，我们可以声称自己是为了他人的利益而献血，但归根结底，我们的“服务”得到了金钱上的补偿。最终，我们的动机会从内在动机转变为外在动机——从利他主义转变为经济动机。这种转变并不那么有效，为什么？因为它破坏了我们对自主性的需求。

这些都不足为奇——自我决定理论已经深入人心，成为数十年来关于动机研究的主流理论。但是，该理论如何帮助我们理解在养成新习惯的第三周遇到的隐形障碍呢？如果我们培养的习惯与内心深处渴望在意大利生活的长远目标相一致，那么为何我们每次准备学习时都会受阻呢？答案在于一种被称为“认同调节”的心理过程。

外在动机的新手指南

自我决定理论的核心假设之一是动机存在于一个连续体

上，大致如下所示：

在动机连续体的左侧，我们处于缺乏动机的状态，这是一种对事物漠不关心的无意识状态。随后，我们逐渐步入外在动机的领域，这里的任务虽然能够引起兴趣，但主要是因为外在的奖赏。最终我们抵达了内在动机的殿堂——在连续体的最右侧，任务之所以吸引人，是因为其本身的魅力。现在，让我们以学习语言的视角来具体看看动机的发展过程：

- **缺乏动机：**你对学习意大利语毫无兴趣。你不明白学习意大利语的意义，不喜欢学，也不觉得这种学习会带来任何有价值的成果。想象一下，一个学生在学校被迫学习一门语言，却看不到任何个人收益，因此付出的努力微乎其微。

- **外在动机：**

  a. **外部调节：**你学习意大利语是因为有来自外界的奖励或惩罚在驱动你，比如为了通过课程考试，或者因为父母会为好成绩而奖励你（也许甚至是去意大利旅行！）。

  b. **内摄调节：**你学习意大利语是因为内心感到一种压力或责任，例如因为没有掌握这门语言而感到的愧疚感，毕竟你有意大利血统。

  c. **认同调节：**你学习意大利语是因为你真正认识到并认同学习的重要性。你知道，精通意大利语对你的职业生涯或旅行梦想大有裨益——你在实现目标的道路上稳步前进。

  d. **整合调节：**你学习意大利语是因为这与你更广阔的目标和价值观相契合，尽管学习过程本身可能并不总是令人愉悦。或许你重视多元文化性，视学习语言为你身份的一部分，信奉"一分耕耘一分收获"。

- **内在动机：**你学习意大利语是因为你发现学习过程本身充满了乐趣和满足感。你沉醉于美妙的发音之中，享受掌握复杂语法的挑战，对于能够阅读意大利文学作品感到无比兴奋。

乍一看，为了融入文化而学习意大利语似乎是一个有内在动机的习惯，但其实它介于认同调节与整合调节之间。学习意大利语虽然符合丹的价值观和目标，但他这么做是为了达到某种目的——无论是为了在意大利旅行时更加自如，还是为了他渴望拥有的说意大利语的身份认同，学习意大利语对他来说，终究只是达到目的的手段（正如第11章所讨论的，这是目的性活动，而不是非目的性活动）。

也许在学习很容易的时候，坚持完全没有问题，因为丹只需克服微小的障碍，所需的动力也相对较小。但随着学习的深入，难度逐渐加大，遇到的阻力也水涨船高，外在动机可能不再足以支撑他跨越难关。这恰恰就是他所面临的隐形障碍。实际上，当我们用自律来实现长期目标时，都会遇到这样的障碍。当一项原本与志向契合的活动开始让我们感到束缚和不适时，自律会让我们感到痛苦和不安。那么，该如何解决内心的这种矛盾呢？又该如何让自己沉浸在那种令人心旷神怡的内在动机之中呢？

有意识地劫持大脑奖赏系统

我们的愿望和目标很大一部分建立在相对脆弱的外在动机上，这或许会让我们感到有些沮丧。然而，我们中的许多人将这种评估用以审视生活，并以此作为止步不前的托词，这其实并不那么准确。正如我们将要揭示的那样，问题并非在于这些行为本身缺乏内在动机，真正的症结在于，我们没有将它们正确地整合到我们的奖赏系统之中。

第 8 章及第 26 章提到的贾德森·布鲁尔博士是一位美国精神病学家，他于职业生涯中致力于研究基于神经科学的消极行为模式（如压力性进食、吸烟、焦虑和愤怒）。布鲁尔博士及其同事证明了，有效的行为改变并非来自强迫自己，而是通过一种叫作自主自我控制的方法。这说明行为的改变是由自己发起的。[3]

他们研究的关键发现是，人类生来就受到奖励驱动。当然，我们更倾向于轻松驾车，而非汗流浃背地骑行；我们更愿意追剧放松，而非苦读枯燥的意大利语语法书。我们的大脑喜欢轻松的奖励。然而，增强的正念可以帮助我们重塑那些不良行为，让我们对目标行为产生持久的热爱。终有一天，我们甚至会领悟到，真正的自律，并非在于强迫自己去做不喜欢做的事，而在于真心欣赏那些我们想要养成的习惯行为。

> 61% 的人认为，自律就是强迫自己去做不喜欢的事。

将正念作为我们解决动机困境的方法，这一想法或许看起来有些牵强，但布鲁尔博士的临床研究成果却远超所有预期。一旦我们意识到自身行为的影响，我们就能更深刻地理解自己的行为如何塑造了我们的幸福感。当然，关键在于我们要有意识地建立联系，从而激励我们采取所期望的行为方式。研究已经证实，自主驱动的行为改变远比控制性行为改变更为成功，无论对于减肥、戒烟还是锻炼等都是如此。[4]

然而，“保持正念”这一抽象概念往往难以转化为实际可行的操作策略。幸运的是，布鲁尔和同事已经发现了习惯循环中七个易于操作的关键步骤，将这些步骤结合起来就能帮助我们重塑奖赏系统。这意味着，当我们在这些关键时刻提升自我意识时，我们能更顺利地从强迫自己保持习惯（这通常意味着它们并非真正的习惯，而只是重复性的行动）转变为自然、自发地努力（真正的习惯）。下面将详细描述实现这一转变的七个步骤，同时，我们鼓励你在阅读过程中想一想你希望改变的习惯。

重塑习惯的七个步骤

第一步：意识到与目标相悖的行为（与目标不相符的行为）

选择一个习惯，并尽可能地将其具体化。想想你想要有所改变的习惯——可以是你想要摒弃的坏习惯（比如过度沉迷电子设备、不健康的饮食和吸烟这些常见习惯），也可以是你想要培养的好习惯（如多喝水、多阅读和冥想，这些是我们在研究中发现的广受欢迎的习惯）。想象自己正在做这个习惯的相关动作，你到底做了什么呢？对于每一个小动作，都想象得细致入微——想象周围的气味、声响，还有身体的感受。

先审视支持这一习惯的所有行为。你有意改变这个习惯，很可能你还会发现，它背后有着一些你希望也能改变的行为在推波助澜。例如，你想要减少盯着电子屏幕的时间，你可能会意识到，躺在床上浏览社交媒体平台的信息其实与你的长期目标背道而驰。这个第一步并不需要你对不良行为进行深刻的或复杂的分析。你所要做的，仅仅是注意到这些与你的目标不一致的行为确实存在。

第二步：觉察与目标相悖的行为的后果

这一步要求我们意识到这些行为带来的后果。具体而言，就是要留意自己在相关行为发生前、进行中以及完成后的感受变化。这个步骤常见的疑问是："如果那个行为仍旧让我感觉良好怎么办？"这一步能帮助我们区分真正的享受和无节制放纵。观看一集热门新剧并不是不良行为，但是，如果追剧狂热到牺牲了充足的睡眠时间，这可能会对我们的健康产生负面影响。通过在当下练习正念，我们能够评估某些行为是否有损于我们的长期目标。

布鲁尔及其同事在他们的研究中提到，将行为与其结果关联起来可以帮助我们更新大脑中的奖赏系统。如果我们将吃一袋薯片与随后的腹胀不适联系起来，而非仅仅关注最初的口欲满足，我们或许就能够重塑自己的渴望。

第三步：识别与目标相悖的行为的诱因（觉察哪些因素会引发那些背离目标的行为）

我们许多人可能已经对自己的行为诱因有所觉察，但在理解了习惯循环的形成过程之后，这些行为诱因会更容易被识别出来。行为改变的这一步要求我们关注那些导致我们采取某些特定行为的诱因或开端事件——可能包括感到压力、清晨面包店的香味等各种因素。这一步需要我们敏锐地感知那些激发我们不良行为的场景和情绪。

第四步：觉察强迫性或刻意抑制行为

当面对诱因或渴望时，我们会怎样应对？很多时候，我们会试图抗拒。比如下班回家后感到压力重重、腹内空空时，我们会选择忽视橱柜里的那袋薯片——我们仅仅是抑制了开始大嚼薯片的冲动。这时，我们进入了机器人模式。

作为另一个简单的觉察步骤，这一步要求我们关注在尝试抵抗诱惑行为时我们所感受的情绪。更加关注这些情绪可以使我们意识到它们是多么的令人疲乏和不愉快。机器人模式可能会让我们感到提不起精神或情绪低落——我们已经如此心力交瘁、疲于奔命，现在甚至连最喜欢的零食都无法享受吗？这里的关键在于，通过允许自己去探究正在感受的情绪，我们可以开始意识到这些情绪所带来的影响。

第五步：觉察强迫性或刻意抑制行为的后果

尽管抗拒我们的渴望，比如享受咸香的薯片，可以带来积极的成果，但这种强迫性的抵制亦会伴随消极情绪。实际上，这类紧张反应可能导致心理不适、情感崩溃。[5,6] 抗拒诱惑所需的精力往往令人精疲力竭——这就是为什么机器人模式对许多人（甚至对大多数人）来说并不是长久之计。

尽管机器人模式或许是大多数人首选的应对策略，但我们认为，非强制性的努力实际上会更有效。这始于简单的觉察。不要对抗渴望，而要关注渴望。通过关注那些我们一直试图抵抗的感受，我们可能会发现，那些渴望很快便会重新浮现。难道每逢工作繁忙之际，我们都会那么渴望薯片吗？短期目标是更加深刻地理解机器人模式的耗竭本质，长远目标则在于认识到那种紧抓不放的意志力并非可持续策略之选。一旦我们意识到“拼尽全力”的策略对我们造成的影响，未来我们选择它的可能性自然会减少。相反，我们可以开始尝试转向一种不费力的努力方式。

第六步：觉察选择并探索新的自主行为

一旦意识到做出与目标相悖的行为所带来的感受，以及试图回避诱人选择时的心情，我们便能开始探索第三条路径：自主行为。

随着觉察力的提升，我们知道吃薯片会让我们感到腹胀不适和钠摄入过量。我们也明白抵制薯片的诱惑带来的是挫败和精力耗竭之感。那么我们接下来该如何自处？我们需从根本上解决我们的行为——我们对薯片的渴望。

事实上，布鲁尔的一位客户就有每晚必吃一袋薯片的习惯。她无法自拔——那咸脆的美味实在太难割舍。然而，当开始围绕自己的饮食习惯修习正念时，她逐渐找到了自己的自然极限。当真正关注薯片的风味与带来的感受时，她逐步意识到，自己的极限正好是两片薯片。再多吃一片，她就会开始感受到过量的钠在她的味蕾上蔓延。她发现，吃两片薯片带来的满足感比吃完整袋薯片带来的腹胀不适要好得多——这一领悟是她无法通过强迫自己得到的。

还有许多其他探索的例子，或许是将早晨的伸展运动安排在晚间，或许是从空手道课转向舞蹈课，又或许是在压力重重之下选择快步行走而非静坐冥想。

第七步：觉察新的自主行为的结果

一旦开始探索，你就能注意到不同行为在身体上、心理上以及情感上给你带来的感受。布鲁尔喜欢称他之前的那位客户为“两片薯片女士”，她从行为改变中感受到了身体上的改善——同时她每天依然能够品尝到自己最爱的零食。

或许在晚上做伸展运动需要你调整一些日程安排，却能让你在睡前精力充沛，不再有早晨六点勉强锻炼时的疲惫。或许将周末的空手道课换成舞蹈课会让你对有氧运动充满期待，同时让你对课上的音乐和社交活动兴奋不已。当每天都保持正念的状态，我们对传统的自我控制策略（如回避、分心和抑制）的依赖就会减少。[7] 练习觉察可以让我们不再需要机器人模式。

关注我们行为的影响——无论是积极的还是消极的——意味着我们可以重塑我们的奖赏系统，使其满足我们身心的真正需求。放慢脚步，用正念关注让我们感觉良好的事物，可以使我们更清晰地决定采用哪些行为，这进而可以提升我们的热情。我们可以有意图地将价值观与行动结合起来，从而增强我们的奖赏感。我们真的可以鱼和熊掌兼得。就像丹一样，他现在已经精通意大利语了——ciao㊀，丹！

㊀ 在意大利语中有“你好”“再见”等意思。——译者注

第28章
工作场所的仪式的重要性

在热闹非凡、活力四射的集会之中，个体将体验到一种私人生活所不曾触及的感觉与情感的觉醒。这些崭新的印象，不仅源自集会本身，也来自这些场合特殊的习俗和仪式。

——埃米尔·涂尔干[㊀]（Emile Durkheim）

在总部位于英国的营销公司Stickyeyes，每当有项目圆满结束时，项目负责人都会敲响铜锣以示庆祝——用一把玩具枪。这家公司的设计与开发主管安迪·杜克（Andy Duke）解释了这一仪式背后的意图："我们发现设计团队常常面临一个常见问题——前一个项目刚落幕，便急切地投入下一个项

㊀ 亦译为埃米尔·杜尔凯姆、埃米尔·迪尔凯姆等。——译者注

目中去。我们希望创建一种文化，鼓励设计师们花些时间反思过去，并享受项目成功收官的喜悦时刻。”[1]

在 Stickyeyes，敲响铜锣并非习惯，而是一种仪式。这两者有何不同？尽管都是“习惯性”的行为，实质却大相径庭。习惯通常源自行为本身的实用价值。比如，刷牙是为了保持良好的口腔卫生，每周做填字游戏是为了保持思维敏捷。仪式则不同——仪式超越了行为的结果，承载着更深层的意义。比如，当你用玩具枪敲响铜锣时，并不只是为了敲响铜锣或是提升枪法，而是在庆贺一项工作的完美达成。

习惯与仪式，两者在本质上各有侧重。习惯往往是个体的，而仪式通常属于集体。然而，也存在集体性的习惯。宗座拉特朗大学的哲学教授拉法埃拉·乔瓦尼奥利（Raffaela Giovagnoli）将习惯划分为“个体模式”习惯和“集体模式”习惯。[2]“个体模式”习惯包括每天刷牙这样典型的习惯。而“集体模式”习惯可能是指每周四与兄弟姐妹相约共饮，或者周末早晨和家人一同参加定期的宗教礼拜仪式。

人类的仪式远不止“我们的习惯性活动”，它们蕴含着象征意义。当我们身着学士服，佩戴学士帽，走上颁奖台领取毕业证书时，赋予我们价值的并非那份文凭，也不是引得亲友们鼓掌或落泪的那顶滑稽方帽。仪式的形式多样，但每一种都映射出更为深远的理念——正是这种共享的背景赋予了它们特殊意义。这种意义无论是对我们个人还是群体而言，都有着非常切实的影响。

仪式存在的部分意义在于减轻我们的焦虑，提升我们在多种场合（无论是公众演讲还是初次约会）的表现。[3] 这是怎样实现的呢？仪式以三种核心方式影响着我们：[4]

- 其一，仪式帮助我们调节情绪。经历某人离世后进行的仪式——比如失去亲人后举办葬礼或守夜——有助于缓解我们的悲痛。[5]
- 其二，仪式能够引导我们进入特定的心理状态，正如运动员赛前做的一套例行准备，或学生考试前做的一个“幸运动作”。
- 其三，仪式让我们感到与他人有联系。通过与朋友一起参与比赛日的仪式，我们强调并巩固了彼此基于团队的共同纽带。即便是我们独自完成的仪式，通常也是试图与更广泛社群建立联系的尝试——一般是与我们的家人，或者其他对仪式力量怀有信念的人们。信不信由你，仪式改变了我们的大脑。

工作场所的仪式的重要性

然而，这些仪式会在多大程度上改变我们的大脑呢？哈佛大学行为科学家迈克尔·诺顿（Michael Norton）解释说：“并不是说我们只要举行了仪式便能如施了魔法般，在当天晚些时候就突然热爱工作。而是随着时间的推移，仪式本身逐渐对我们来说有了意义——变成了一种‘这就是我们在这里的行事风格’的内在认同。”[6]仪式能激发我们的成就感、团队情谊，以及对自我的信任。这无疑能改变一切。

太多的领导者只侧重于将团队作为一组个体进行管理，而没有有意图地关注团队成员之间的互动。在这种情况下，工作场所的仪式便成了为员工创造有意义的工作体验、增强对共同目标的认同和改善团队成员之间关系的有力工具。[7]领导者和团队成员若有意图地构建一系列经过深思熟虑的仪式，并随着时间的推移不断调整优化，就能显著提升工作场所的和谐度，增强团队对共享意图的信念。

与个人习惯一样，工作场所的仪式通过让团队更加专注于实现目标所需的行为来支持我们的意图（正如Stickeyes想要强调工作完美达成的庆祝活动）。它们还带来了额外的好处：增强彼此之间的联系与团结感。在与我们的对话中，塔米·金（Tami Kim）这样解释：“当完成一个集体仪式后，人们更可能给随后的任务赋予更深的意义，这反过来又会提升工作表现。想想世界上存在的那些仪式——体育比赛前走一条特定的进场路线，成功交易后敲响铜锣，把赚到的第一笔钱贴到墙上——它们本身并非直接服务于某个实用目的。但是，集体仪式特有的元素——身体动作、象征意义、集体参与——放大了仪式的内涵，这又会延伸到成员们接下来需要完成的每一项任务中。”[8]

工作场所的仪式的必要性

工作场所的仪式可分为两大类，但其实许多活动的性质可能交织重叠。第一类涉及对提升工作效率至关重要的日常习惯，诸如早晨签到或是在规定时刻使用特定的通信工具。第二类则是旨在增强团队凝聚力的仪式，例如周五下午的欢乐时光派对。尽管提升工作效率的仪式往往更受重视，增强团队凝聚力的仪式则被视为“可有可无”的，但我们发现，这两类仪式在培养具有意图的团队方面都发挥了不可或缺的作用。

73%的人认为工作场所的仪式很有助益。

在新冠疫情引发的关于居家办公（WFH）的辩论中，讨论的焦点由工作效率转向了企业文化。最初，许多反对居家办公政策的人士质疑团队成员在家工作能否同样高效。但研究表明，在某些远程工作环境中，工作效率实际上有所提升（至少对于像呼叫中心的工作这样简单的个人任务是这样）——2014年针对中国工作者的一项研究发现，得益于节省时间、病假减少以及更安静、便宜的工作环境，居家办公使工作效率提高了13%。[9]随着更多研究成果的涌现，这一观点可能会发生变化，但对我们来说，重要的是，这只是工作场所重要因素方程式的一半。

当转向另一个挑战时，仪式便显得尤为关键：如何为远程和混合工作团队营造有凝聚力的文化？尽管远程工作带来了诸多好处，但它无法像面对面的工作场所那样自然地促进团队文化的形成。解决之道在于创造并持续维护有效的工作场所的仪式——回想仪式的第三种影响方式：让我们感到与他人有联系。

正如尼古拉斯·布鲁姆（Nicholas Bloom）在近期的一次讨论中所分享的那样，由于在完全远程工作的团队中创建有凝聚力的文化面临了巨大挑战，只有大约 13% 的工作者能够完全胜任远程工作，而这些人通常是合同工（如来自呼叫中心、IT 支持、支付处理等方面的员工），这些岗位对归属感的需求以及理解公司共享意图的需求相对较低。[10] 对于更为重要的工作角色，无论工作模式是远程、混合还是面对面，仪式都是塑造团队共享意图的重要因素。

工作场所的仪式的益处

通过将有助于提高工作效率的习惯转化为仪式，团队可以确保这些最佳做法发挥最大效用。要想把这些做法从令人讨厌的杂事转变为充满意义的仪式，关键在于这些行为必须始终服务于一个更高层次的目标，而且绝不应该给团队带来额外的工作量。以晨会或日常签到为例：与团队全员进行一次简短交流，不仅可以提供分享进展、讨论障碍和寻求帮助的机会，还有助于在团队成员间建立责任感。这样的签到有助于促进沟通，并有助于在共同目标上实现步调一致。

然而，签到最重要的作用在于它对工作场所重要因素方程式更人性化的那一半产生的影响。实际上，像签到这样的仪式是建立员工归属感的最有效途径。研究显示，不论年龄和性别，近40%的员工表示，当同事签到并与他们聊聊个人或工作状况时，他们会感受到最强烈的归属感。[11] 工作场所的仪式虽然旨在提升工作效率，但这并不意味着它们不能同时承载文化使命。正是这些共享的社交体验构建了团队成员间的紧密联系。无论是仪式的外延（比如正式晨会开始前的社交闲聊）还是仪式的重要时刻（比如欢乐时光派对中的时刻），这些都是在个人日常工作之外建立团队凝聚力的珍贵机会。

有趣的是，这些活动要想产生效果，并让员工和管理层都认可其价值，它们越是聚焦于共享意图，效果就越好。一项研究发现，受访者认为最有价值和最有效的两种团队建设活动是志愿者日（参与者共同支持慈善事业）和公司务虚会（讨论公司战略和发展方向等议题）。[12]

最佳的工作场所仪式能够同时促进团队和个人成长，并强化期望的行为模式。例如，每季度执行奖励计划，表彰团队成员在销售业绩、指导新人和创意创新等方面的成就，这不仅能服务于多重目标，还能通过奖励团队所重视的成就来强化团队价值观，激励有竞争力的成员，并对那些最辛勤工作的人给予认可。

话虽如此，在讨论如何通过设计仪式来提倡正确的行为时，我们需谨记设计的仪式须与我们的意图相契合。举个例子，迈克在担任顾问期间曾有一位客户，她期望自己的公司能更富创新精神，于是，她设立了一项年度创新奖，以期激发员工的创造力。然而，问题在于，对于首届颁奖典礼，她计划表彰一位员工，其开发的产品仅在一年内就为公司带来了超过 10 万美元的利润。乍一看，这位员工似乎是理想人选，但仔细斟酌后她发现，这个奖项实际上变成了对利润创造的表彰，而非对创新的肯定。

因此，她转而选择另一位员工，该员工曾试制过一款失败的产品，最终给公司造成了 2 万美元的损失。这位获奖者被邀请准备一段获奖感言，分享他从这次尝试中学到的宝贵经验。通过赞赏试验过程中的学习经历（并非仅仅庆祝成果），该公司传递了一个明确的信息：他们所追求的是勇于尝试新思路。通过将这一奖项的颁奖典礼设立为年度活动，该公司构筑起了一个充满深意的仪式，这将带来更多深远的益处。

选择工作场所的仪式

你所选择的仪式至关重要——简单的仪式（如共同欢呼或用玩具枪庆祝项目结束）能使员工觉得他们的工作更富意

义，从而使工作价值感提升16%。[13]然而，没有一种仪式能够打造出完美的企业文化。与个人习惯一样，工作场所的仪式也需不断调整，以确保与团队目标同步前进。如果长期忽视更新，这些仪式可能逐渐演变成束缚。即便是最高效的仪式，一旦参与者不再相信这些仪式的目标，只是出于规定而"例行公事"，它们也会逐渐失去活力。例如，晨间签到的参与者不再与团队成员互动，或者签到的准备活动变得烦琐或仅仅是走过场时，便会失去其原有的效力。

归根结底，关键在于赋予仪式意义。看过我们关于价值和意图的深入探讨，你对此应该不会感到意外。这种意义可以随着时间的积累而逐渐形成，但也可以通过让参与者视这些仪式为团队独有的重要活动来加速培养。保持仪式的新鲜感和有意义，能激发人们的参与热情，进而增强归属感，并推动工作效率的提升。

第 7 部分

终　章

第29章
我们关系中的意图

我们从75年的研究中得到的最明确的信息是：良好的人际关系让我们更快乐、更健康。就这么简单。

——罗伯特·瓦尔丁格（Robert Waldinger），

哈佛人类发展研究项目主任[1]

对许多人而言，人际关系是生活中最重要的领域，因此，这也是我们需要有意关注和经营的领域。科学研究证明了这一点：在一项涵盖近150项研究、涉及30多万名参与者的元分析中，研究人员发现，拥有更紧密社交联系的个体与那些缺乏社交往来的人相比，长期生存的可能性高出50%。[2]牢固的人际关系不仅让我们更快乐，还对我们的免疫系统[3]、心理健康[4]以及是否会患上痴呆症[5]都有着显著影响。

尽管这些事实已经众所周知，但较少为人所知的是，人际关系甚至能够改变我们对疼痛的感受。加利福尼亚大学洛杉矶分校的社会心理学家娜奥米·艾森伯格（Naomi Eisenberger）博士研究了社会联系的神经基础。在2011年的一项研究中，艾森伯格和她的团队探究了依恋对象（我们感到亲近的人）如何影响我们对疼痛的感知。[6]她们让处于长期关系中的女性参与者经历身体上的痛苦体验（本例中为灼热感）时观看她们所爱之人的照片。对照组则观看陌生人或随机物体的照片。研究发现，那些观看所爱之人照片的参与者报告的痛苦感要低于那些观看无特定意义图像的参与者。

通过功能性磁共振成像扫描追踪大脑活动，研究者得以洞察大脑在各种情境下的精确反应。当这些女性参与者凝视所爱之人的照片时，感受痛苦的大脑区域活动较少。艾森伯格及其同事推测，依恋对象赋予我们安全感与被保护感，从而转变了我们对疼痛的神经化学反应。因此，亲密关系可作为一种保护机制，抵抗身心的痛苦体验。

人际关系是我们幸福感的核心，这并不令人意外。无论是恋人、家人还是朋友，我们与相知相爱的人定期交流是至关重要的，并且我们可以通过有意图地管理和维系人际关系来帮助我们实现自己的目标。正如哈佛人类发展研究项目的主任罗伯特·瓦尔丁格所言：最健康的80岁老人，是那些在50岁时对自己的人际关系最为满意的人。[7]

何以为家

对许多人而言，我们拥有的最为核心的关系莫过于与家人的关系。然而，构成家庭的本质随时间流逝已发生了翻天覆地的变化。回望19世纪中叶的美国，近70%的老年人与子女同住，而至20世纪末，这个数字跌至不足15%。[8]时间快进至21世纪，自大萧条以来，与父母同住的年轻成年人的比例首次超过了其他居住形态的比例。[9]甚至出现了柏拉图式共同育儿的现象，在这种家庭结构中，由两位或多位朋友共同抚养一个孩子——而非在传统的浪漫关系中抚养。[10]家庭的本质是流动和不断变化的。

随着社会对家庭的不同形态所持的态度越来越开放，"选择家庭"（chosen family）这一观念越来越流行：这些家庭由其成员有意创立，而非因血缘或婚姻而形成。网络平台提供了与陌生人共享住宅和育儿责任的机会，仿佛是对多代同堂生活的遥远呼应。随着传统家庭结构的不断扩展，我们需要有意图地思考家庭——思考彼此的关系、构筑家庭的方式，以及与家人的互动方式。这变得愈发重要。

当我们有意将某人视为家庭一员时，我们实际上是在肯定我们之间联系的质量与重要性。这意味着我们有意对彼此做出承诺，并肩负起对彼此福祉的责任——不论这份联系是血缘所系还是心之所选。从心理学的视角看，成为家庭成员可能是我们大多数人面临的最具挑战性的任务。家庭考验我们保持在场、调节情绪和牺牲个人利益的能力。我们不能轻易摆脱家庭的羁绊，因此无论我们在家庭中扮演何种角色，成为一个有意图的家庭成员都需要更深层次的努力。当然，家庭也是我们深层次联系、归属感与美好时光的源泉，这使维系这种联系所做出的努力是值得的。而我们在前几章探讨的所有关于意图的方方面面——意志力、好奇心、诚实、注意力以及习惯（尤其是仪式！）——在这里同样适用。但在关系中，我们还承担着另一个层面的责任：帮助他人成为更有意图的存在。

将意图带入我们的人际关系

作为领导者、教育者、朋友或父母，我们在人生旅程中需要承担成为身边人有意图的榜样的责任。尽管我们个人的利益可能是维持我们有意图地生活的动力源泉，但激发他人更有意图地生活很可能会产生持续的影响，这些影响将超越我们自己所体验到的益处。这种形式的“先人后己”具有巨大的积极影响——尤其是当我们考虑到自己潜在影响力的指数级增长时。

他人也有意图吗

在前面的章节中，我们探讨了共享意图如何成为我们这个物种的超能力之一。共享意图使我们得以将一个人心中的想法分享给他人，从而共同构建推动我们朝着这些想法前进的系统。使我们能够实现这一点的心理学关键特征之一来自心智理论的构想——我们有推测他人内心活动的能力。

心智理论的一项经典测试便是莎莉 - 安妮测试。在这个测试中，孩子们会看见两个分别名为莎莉和安妮的玩偶。莎莉有一个篮子，而安妮有一个盒子。在测试的过程中，孩子们会看到莎莉将一个弹珠放入她的篮子。之后，莎莉会“离开房间”，狡猾的安妮则会偷走弹珠，并放入她的盒子里。当莎莉“返回”时，孩子们会被问：莎莉该去哪里寻找她的弹珠？年纪太小、心智未开的孩子们会说“盒子”——他们知道弹珠现在在那里。他们还不能理解莎莉并不知道弹珠已经被移动。然而，随着年龄的增长，孩子们会指向原来的篮子，这显示了他们已经有能力理解他人不同的想法。他们已经能够通过莎莉的视角来看待这个世界。

帮助他人更有意图

不论是在家庭内部还是家庭之外的群体中，我们都有能力帮助他人变得更有意图，但这要求我们从他们的角度看世界，就像孩子们通过莎莉的视角看待这个世界一样。这还需要我们以长远的眼光行事，培养他们对意图的持久态度和长期视角，超越当前的挑战或项目。也就是说，我们的关注点是引导他们学会如何建立一种有意图的长期生活方式，而非单纯地解决眼前的难题或在某一刻做出正确的有意图的决策。我们认为要出色完成这一任务，需要遵循四个主要步骤——从独立性出发，给予自由而非放纵，适时推一把，以及培养长期思维。

第一步：从独立性出发

为自己做出决策是人类需要从小锻炼的技能——没有它，我们将无法有意图地生活。对父母而言，协助孩子学习如何有意图地生活，部分工作就是指引他们适应并成功驾驭教育系统，即使这个系统旨在培养遵从社会期望的人才。无疑，学习顺应社会期望确实有其价值，但尽可能地保持孩子的创造力与独立精神，对于强化他们的自主性和意图同样重要。正如毕加索（Picasso）所言：“每个孩子都是天生的艺术家。真正的挑战在于如何在成长的旅途中保持这种艺术天分。”为了维护这种艺术天分，我们坚信我们必须培育孩子的意图。

作为人类，我们的大脑直至 25 ～ 29 岁才能完全发育成熟。[11] 在生命最初的几年，我们需要全天候的支持。因此，父母往往会习惯于替孩子包揽所有选择。然而，应该尽早让孩子有机会自主做出他们真实的选择。即便是蹒跚学步的幼儿也有能力选择自己想吃的食物或自己想穿的衣服。透过孩子的视角看世界，我们意识到：我们替他们选择得越多，越是限制了他们自主选择的能力。

在职场中，领导者同样应自省，为何总认为必须时时指示下属行事。特别是对于企业环境中的新晋领导者，学会放权，赋予共事者更多的独立空间，是一大挑战。

第二步：给予自由而非放纵

自由与责任本一脉相承。我们做选择必须考虑后果。因此，孩子既需要自由，也需要责任。“给予自由而非放纵”是夏山学校的校训。这是英国一所私立寄宿学校，在这里，孩子可以自主选择课程，并被赋予自我管理的空间。夏山学校的创始人是 A.S. 尼尔（A.S. Neill），其教育理念核心是让学校适应孩子，而非让孩子迎合学校。正如他所言，孩子的潜力远超成人的想象：“孩子天生聪慧、现实。如果没有成人的任何暗示，他们将会自我发掘，尽可能地成就自己的潜能。”[12] 他的著作《夏山学校》(*Summerhill*) 催生了在 20 世纪六七十年代遍布世界各地的自由学校运动。时至今日，自由学校仍是传统教育模式之外的一大替代选择。

自由学校认识到，给予孩子自由和责任极为重要，而达成这一点的方式是允许他们对自己的教育拥有决策权。在布鲁克林自由学校（The Brooklyn Free School），学生每天至少上五个半小时的课，但如何支配这些时间，全凭个人意愿。唯一的强制性活动是每周的民主大会，用来共同解决问题、制定规章规则。每位参会者，无论是最小的孩子还是最资深的工作人员，均有平等的投票权。学生可选择参与丰富

多彩的全面教育活动，从聆听总统的新闻发布会到共同讲授科学课，再到沉浸于瑜伽练习之中。[13,14]

自由学校的做法仅是培育孩子意图的众多范例之一。尽管许多人可能无法提供如此大的自由度——受限于地理位置、经济成本或是对传统的执着等障碍，但我们依旧可以用自己的方式在小范围内将自由学校的理念付诸实践。

让孩子承担自由附加的责任是简单易行的。孩子可以自选想看的电视节目，但同时他们得考虑自己弟弟、妹妹的需求和限制，因为下一次将由弟弟、妹妹来挑选。同样值得尝试的是反向实施这一理念，即为他们承担的责任赋予自由。比如，如果他们在家里负责洗碗，那就让他们按自认为最合适的方式去做。年纪稍长的孩子可以每周准备一次晚餐，自由选择菜谱——当然，得在合理的范围内（巧克力、小熊软糖和糖煎蛋卷，这些不行！）。当孩子既拥有自由又背负责任时，他们将变得更能干、更独立——也更有意图。

在职场环境中，这可能意味着允许员工在极少监督的情况下开展项目，但要求他们对最终成果负责。通常，为了保护员工，技能娴熟的领导者会限制他们权力下放的自由，而这样做实际上也限制了员工成长的速度。

第三步：适时推一把

激发意图的另一种方法是迫使他人做出选择。身为领导者或父母，我们常陷入一个误区，认为我们必须代那些我们要负责之人做决策。虽说偶尔确需如此，但我们能够也应当让承担责任的重量落在他们肩上，且越早越好，引导他们掌控自己的意图。第一步便是承认他们确有能力，且应在其力所能及的范围内积极参与决策。余下的，便是为他们提供这样的机会。

赋予孩子意图的最佳方法莫过于尽早迫使他们做出选择。凡事皆有其度，我们可以探索边界：我们应该阻止孩子横穿熙攘的马路，但无须替他们挑选衣着。一旦他们年纪稍长，便可以自行选择着装。即便在气候寒冷之地，有时候没有真正的选择，也要尽量找到选择的机会。强制你的孩子穿上雪裤可以保障健康与安全，但他们穿在里面的裤子就由他们自己决定吧（或者不穿！）。

这对父母来说可能很可怕，但只要将孩子的自由限定于后果轻微的选项上，就没有太大的风险。孩子会从体验独立与自我意图中获益良多，远胜于接受"直升机式"的养育。让孩子在年幼时做出真正的决定并承担负面后果，比他们长大后才第一次经历这些要有益得多。小学二年级不写家庭作业的后果，远比大学二年级不写作业来得轻微。

而对于另一种关系，给予员工更多选择并没有成为趋势。过去50年间，管理科学与工程（现多称为管理咨询）的大部分研究皆集中于提升效率。而提升效率大多通过流程的标准化来实现——标准化的基石在于消除选择。在流水线上，你不能决定前灯的安装位置。事实上，对你的评估标准恰恰相反——你每次能以多快的速度以相同的方式安装前灯。我们认为，本书所述的那种脱节与倦怠，很大部分源自标准化带来的自主权丧失。

然而，正如教育界所发生的，商业界的一场替代性运动正在全球范围内逐渐兴起，尤其在法国，诸如米其林、家乐福等大型企业已开始采用新模式——“企业解放”。[15] 所谓企业解放，其哲学核心与自由学校的理念不谋而合——领导者不再一手包办工作计划，而是鼓励员工自行规划；领导者不再着力解决障碍，而是询问员工他们计划如何应对障碍，并提供必要的支持。那些采用了企业解放模式的公司，成效斐然：迪卡侬赋予旗下各业务单元以自主权，让它们根据需求自行设计工作流程。领导者化身为辅导者而非指挥者，仓库自主处理订单，团队自订工作时间表。[16]2017～2018年，迪卡侬连续荣膺法国“最佳工作场所”称号。[17] 采用企业解放模式收获的成就昭示着，对工作拥有自主权或许是拆解当代职场疏离困境的关键。

第四步：培养长期思维

战略的本质在于面对不确定性时做出选择。在企业中，当我们为同事提供做出选择的机会，促使他们深思其决策的长远影响时，我们便为他们提供了战略思考的必要工具。

孩子亦是如此。随着孩子年岁的增长和推理能力的增强，他们便能参与讨论他们所做选择的短期和长期后果。当孩子做出选择时，不妨问他们这样一个问题：一年后会如何看待自己的决定？不要以分析之名束缚其思想，而应启迪他们学会“步步为营”。迈克的一位朋友曾问17岁的儿子：“如果是7年前，你10岁的时候，你会想要什么文身图案？你现在还会对那个图案满意吗？你觉得7年后你还会喜欢它吗？”这个17岁的孩子意识到自己可能不会对“爱探险的朵拉”的永久文身感到高兴，于是他决定等一段时间再去文身。

权力让渡：为了更多的成长

当我们肩负起对他人的责任时，很容易自认知道什么是对他们而言最好的。我们渴望保护他们，避免他们因决策而承受负面影响。如果孩子想戴着仙女翅膀去上学，我们或许会出于担心他们受到嘲笑或欺凌而试图劝阻。如果一位新员工想要尝试超出职责范围的创新项目，我们也许会担心他可能无法兼顾核心任务而予以制止。然而，我们周围的每一个人，从稚嫩的孩子到初涉职场的新人，都有他们自己的个人观点与愿望。作为父母或领导者，我们肩负的重要责任中有很大一部分便是协助他们在成长过程中发展自己的意图。

无论是让蹒跚学步的孩子在四月穿上万圣节专属的奇装异服，还是让新员工发起一个衍生项目，松手放权并非易事。我们必须铭记：我们给予身边的人们越多的自主权和有意图地自由行动的空间——在自由与责任的交织下——他们便越易有机会成长。

第30章 意图之园

花园不是靠唱着“哦，多美啊”，坐在树荫下就能建成的。

——鲁德亚德·吉卜林（Rudyard Kipling）

在我们开始撰写这本书时，我们确信以下几点：

- 意图是一个庞大的主题，难以用一本书完全涵盖。
- 对我们来说，有意图地生活——作为个体、家庭成员、社区成员、同事和领导者——从未如此重要过。

当某件事既紧迫又体量无比庞大时，你唯一的选择就是运用80/20原则去处理——尝试找到一个虽不完美但仍能产生显著影响的解决方案，抓住其本质。依据这一原则，我们在本书中讨论了意图的五大核心要素：意志力、好奇心、诚实、注意力与习惯。在研究中，我们通过阅读了解到的和交谈过的每一位高效能者都以不同程度体现了这五种要素。于我们而言，同样重要的是，有令人信服的证据表明，这些要素中的每一个都极易训练——每一个要素都可以通过意图有所提升。

在本书的开头，我们谈到了现代人面临的一个问题：尽管我们在许多客观的健康与幸福指标上整体表现更佳，但许多人（往往是那些最幸运的人）却常常生活在倦怠中。越来越多的人在生活中陷入倦怠，我们不得不在个人与职业生活中寻求或创造意义。我们开始依赖那些不太令人满意的“替代品”，让它们替代我们渴望并理应达成的深度联系和目标。在某种程度上，正因为缺乏真正的人生意义的适当滋养，我们被这些“快餐式”的“替代品”所吸引。我们的生活中充斥着各种工具和活动，它们的目的是让我们的大脑沉迷于简单的快速满足，从而产生参与感，但它们无法为我们带来真正的自主性和方向感。

建造花园

在我们看来，理解本书中提出的要素的一种方式，就是将它们想象为一座花园的组成部分。设想一下这样的画面（或许你脑海中的画面更为精美）：

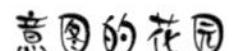

- **意志力——阳光：**阳光是生长的驱动力，它提供重要的能量，孕育并支撑着每一株植物的生长。就像阳光一样，意志力是无穷的——我们所需要做的，就是确保不要制造阴影，限制植物的潜能。本书此部分的核心启示在于，将意志力视为有限资源是一种错觉，更重要的是，这是一种障碍。高效能者通过正念觉察不断地超越自我设定的认知极限，这使他们不仅能达成既定目标，还能帮助周围的人朝着共同目标努力。
- **好奇心——水：**水是必不可少的，它滋养着植物，并在阳光炙热的一天后使花园中的植物恢复生机。同理，好奇心对于我们的拓展与进化至关重要。好

奇心能唤醒我们的思维，促进我们成长，指引我们探索超越过往局限的新天地。本部分的要义在于，好奇心能够帮助我们与世界建立更深层次的联系，使我们扩展视野，适应变化。高效能者在前进的过程中理解、审视并更新他们的信念，保持自由思考，协助他人摆脱群体思维的束缚，创造更有意图的互动。

- **诚实——种子：**我们的价值观就像种子，蕴含着有待开发的潜力。种子可能一开始看起来微不足道，但它们为成长奠定了基础。每一粒种子都蕴藏着某种特定结果的可能性。我们必须精挑细选，悉心播种，用心培育。辨识种子将生长为哪种植物，选择哪一粒播种，是我们的责任。本部分的主要启示是，高效能者能够通过审视真正驱动他们的价值观，并确保他们的行动与这些核心价值观一致，从而过上更加真实的生活。因为核心价值观通常是不同人群之间的共同点所在，这使高效能者在更好地理解他人的同时，能激发他人的意图和卓越表现。
- **注意力——土壤：**肥沃的土壤充满了生机勃勃的有机多样性，赋予了植物养分。土壤决定了植物吸收的营养与成长的极限。与土壤一样，注意力决定着我们构建并选择的生活环境。它滋养我们的心灵，让我们为自己和周围的人创造新的现实。此部分的启示在于，注意力是我们投向世界各个方面的聚光灯，在这个过程中我们构建了各自的现实。高效能者能够摒除杂念，以有意图和目标导向的方式塑造现实，从而从容驾驭人生。

- **习惯——根系网络：** 地面之下的根系网络将植物与大地相连，使其牢牢扎根，为其提供养分并使其保持稳定。我们的习惯正如这根系网络，为我们的进步带来了持续性和稳定性。而且，就像根系网络一样，习惯随着时间的推移变得越来越牢固，越来越难以改变。最后一部分要传递的是，习惯就像我们所设定的自动导航。高效能者深知这一点，他们会在习惯养成的那一刻运用深层意图，因为他们明白，这些都是能够决定他们生活的极端杠杆点。有意识地培养和重塑习惯，让高效能者实现了旁人眼中不可能达成的成就。

成为园丁之道

在我们的花园比喻中，唯一缺少的就是你：园丁。你的工作是有意图地将这一切元素缔结为一园之美。你需要对自己心中理想的园景有概念，知道要培育哪些植物。你需要时刻保持警惕，保护花园不受外界威胁。随着时光流转，种子逐渐成长为植物，根系网络变得更强壮，你面临的挑战可能也将随之改变。若是任由你的种子野蛮生长，你将无从收获，正如没有意图的生活不会成就你所渴望的卓越表现。

你在花园里耕耘得越多，你就能看到越多果实——无论是成就、培育的人际关系还是个人的满足感。当你结合这五个要素，便能收获幸福而成功的人生之果。更为重要的是，你将以一种有意图的方式为周围的人的生活做出贡献——那些依赖你的朋友、家人与团队成员。

尽管现代生活节奏紧凑且充满压力，但我们中的许多人却比以往任何时候都有更多的机会过上真正有意义的人生。我们生活在一个由选择定义的时代，拥有自由的同时，我们也肩负着自我定义的责任——心怀意图，以心之所向打造出独一无二的人生花园。

注释

NOTES

第1章

1. 关于调查数据的说明：为了更好地了解普通人如何看待我们的核心主题，我们对700名北美员工进行了调查，本书囊括了主要的调查结果，以便你了解更多的人对意图及其方方面面的看法。调查结果中最具相关性的、最令人惊讶的发现会以文本框的形式穿插全书，就如本处。

第2章

1. Keyes, C. L. (2002). The mental health continuum: From languishing to flourishing in life. *Journal of Health and Social Behavior*, *43*(2), 207-222.
2. Grant, A. (2021, December 3). Feeling blah during the pandemic? It's called languishing. *New York Times*.
3. Major depression: The impact on overall health. (n.d.). Blue Cross Blue Shield.
4. Goodwin, R. D., Weinberger, A. H., Kim, J. H., Wu, M., & Galea, S. (2020). Trends in anxiety among adults in the United States, 2008-2018: Rapid increases among young adults. *Journal of Psychiatric Research*, *130*, 441-446.
5. Martinez-Ales, G., Hernandez-Calle, D., Khauli, N., & Keyes, K. M. (2020). Why are suicide rates increasing in the United

States? Towards a multilevel reimagination of suicide prevention. *Behavioral Neurobiology of Suicide and Self Harm*, 1-23.

6. Purcell, J. (2014). Disengaging from engagement. *Human Resource Management Journal*, *24*(3), 241-254.
7. Kato, T. A., Kanba, S., & Teo, A. R. (2019). Hikikomori: Multidimensional understanding, assessment, and future international perspectives. *Psychiatry and Clinical Neurosciences*, *73*(8), 427-440.
8. Poe, E. A. (2021). *The imp of the perverse*. Lindhardt og Ringhof.
9. Liang, L. (2022, February 25). The psychology behind "revenge bedtime procrastination." BBC.
10. Nauts, S., Kamphorst, B. A., Stut, W., De Ridder, D. T., & Anderson, J. H. (2019). The explanations people give for going to bed late: A qualitative study of the varieties of bedtime procrastination. *Behavioral Sleep Medicine*, *17*(6), 753-762.
11. Gallup, Inc. (2023, July 10). Global Indicator: Employee Engagement—Gallup. Gallup.com.

第3章

1. Koch, C. (2016). Does brain size matter? *Scientific American Mind*, *27*(1), 22-25.
2. Tattersall, I., & Schwartz, J. H. (1999). Hominids and hybrids: The place of Neanderthals in human evolution. *Proceedings of the National Academy of Sciences*, *96*(13), 7117-7119.
3. O'Madagain, C., & Tomasello, M. (2022). Shared intentionality, reason-giving and the evolution of human culture. *Philosophical Transactions of the Royal Society B*, *377*(1843), 20200320.
4. Searle, J. R. (1990). *Collective intentions and actions. Intentions*

in communication. PR Cohen, J. Morgan and ME Pollak.

5. For more on this, see De Waal, F. (2016). *Are we smart enough to know how smart animals are*? WW Norton & Company.

第4章

1. Baumeister, R. F., & Brewer, L. E. (2012). Believing versus disbelieving in free will: Correlates and consequences. *Social and Personality Psychology Compass*, *6*(10), 736-745.
2. Frankl, V. E. (1985). *Man's search for meaning*. Simon and Schuster.
3. De Charms, R. (2013). *Personal causation: The internal affective determinants of behavior*. Routledge.
4. Cornudella Gaya, M. (2017). Autotelic principle: the role of intrinsic motivation in the emergence and development of artificial language. Doctoral dissertation, Paris Sciences et Lettres (ComUE), p. 39.
5. Frankfurt, H. G. (1988). *The importance of what we care about: Philosophical essays*. Cambridge University Press.
6. Gilbert, M. (1990). Walking together: A paradigmatic social phenomenon. *Midwest Studies in Philosophy*, *15*(1), 1-14.
7. World Economic Forum. (2020). The Future of Jobs Report 2020.
8. Chiang, T. (2023, May 4). Will A.I. Become the New McKinsey? *The New Yorker*.

第5章

1. Simonsmeier, B. A., Andronie, M., Buecker, S., & Frank, C. (2021). The effects of imagery interventions in sports: A

meta-analysis. *International Review of Sport and Exercise Psychology*, *14*(1), 186-207.

2. Sport Imagery Training/Association for Applied Sport Psychology. (n.d.).
3. 见注释 1。
4. Robbins, S. B., Lauver, K., Le, H., Davis, D., Langley, R., & Carlstrom, A. (2004). Do psychosocial and study skill factors predict college outcomes? A meta-analysis. *Psychological Bulletin*, *130*(2), 261.
5. Mann, T., Tomiyama, A. J., Westling, E., Lew, A. M., Samuels, B., & Chatman, J. (2007). Medicare's search for effective obesity treatments: Diets are not the answer. *American Psychologist*, *62*(3), 220.
6. Davison, J. M., Share, M., Hennessy, M., & Stewart-Knox, B. J. (2015). Caught in a " spiral " : Barriers to healthy eating and dietary health promotion needs from the perspective of unemployed young people and their service providers. *Appetite*, *85*, 146-154.
7. Savelli, E., & Murmura, F. (2023). The intention to consume healthy food among older Gen-Z: Examining antecedents and mediators. *Food Quality and Preference*, *105*, 104788.

第6章

1. Baumeister, R. F., Bratslavsky, E., Muraven, M., & Tice, D. M. (1998). Ego depletion: Is the active self a limited resource? *Journal of Personality and Social Psychology*, *74*(5), 1252-1265.
2. Xu, H., Bègue, L., & Bushman, B. J. (2012). Too fatigued to care: Ego depletion, guilt, and prosocial behavior. *Journal of*

Experimental Social Psychology, *48*(5), 1183-1186.

3. Baumeister, R. F. (2003). Ego depletion and self-regulation failure: A resource model of self-control. Alcoholism. *Clinical and Experimental Research*, *27*(2), 281-284.
4. Dorris, D. C., Power, D. A., & Kenefick, E. (2012). Investigating the effects of ego depletion on physical exercise routines of athletes. *Psychology of Sport and Exercise*, *13*(2), 118-125.
5. Miller, H. C., DeWall, C. N., Pattison, K., Molet, M., & Zentall, T. R. (2012). Too dog tired to avoid danger: Self-control depletion in canines increases behavioral approach toward an aggressive threat. *Psychonomic Bulletin & Review*, 19, 535-540.
6. Englert, C., & Bertrams, A. (2021). Again, no evidence for or against the existence of ego depletion: Opinion on "A multi-site preregistered paradigmatic test of the ego depletion effect." *Frontiers in Human Neuroscience*, *15*, 658890.
7. Engber, D. (2016).Everything is Crumbling. Slate Magazine.
8. Job, V., Dweck, C. S., & Walton, G. M. (2010). Ego depletion—Is it all in your head? Implicit theories about willpower affect self-regulation. *Psychological Science*, *21*(11), 1686-1693.
9. Job, V., Walton, G. M., Bernecker, K., & Dweck, C. S. (2015). Implicit theories about willpower predict self-regulation and grades in everyday life. *Journal of Personality and Social Psychology*, *108*(4), 637.
10. Compagnoni, M., Sieber, V., & Job, V. (2020). My brain needs a break: Kindergarteners' willpower theories are related to behavioral self-regulation. *Frontiers in Psychology*, 3567.
11. Goggins, D. (2021). *Can't hurt me: Master your mind and defy the odds*. Lioncrest Publishers.

12. Powell, A. (2018). Ellen Langer's state of mindfulness. *The Harvard Gazette*. Boston: Harvard University.
13. Miller, E. M., Walton, G. M., Dweck, C. S., Job, V., Trzesniewski, K. H., & McClure, S. M. (2012). Theories of willpower affect sustained learning. *PloS One*, *7*(6), e38680.

第7章

1. Snider, B. (2012). The life of Warren "Batso" Harding. Climbing.
2. Horst, E. (2010). *Maximum climbing: mental training for peak performance and optimal experience*. Rowman & Littlefield.
3. Margaritoff, M. (2023). The true story of Dashrath Manjhi—India's beloved "Mountain Man." All That's Interesting.
4. Magen, E., & Gross, J. J. (2007). Harnessing the need for immediate gratification: Cognitive reconstrual modulates the reward value of temptations. *Emotion*, *7*(2), 415.
5. Gross, J. (2023, March 15). Personal communication. [Personal interview].
6. 再次强调，并不是说没有身体上的限制——可能是疾病、能力差异等造成的，而是说我们的思想造成的限制有时会超过身体上的限制。
7. Lutz, A., Slagter, H. A., Dunne, J. D., & Davidson, R. J. (2008). Attention regulation and monitoring in meditation. *Trends in Cognitive Sciences*, *12*(4), 163-169.

第8章

1. Gibson, E. L., & Green, M. W. (2002). Nutritional influences on cognitive function: mechanisms of susceptibility. *Nutrition Research Reviews*, *15*(1), 169-206.
2. Lennie, P. (2003). The cost of cortical computation. *Current*

Biology, *13*(6), 493-497. Messier, C. (2004). Glucose improvement of memory: A review. *European Journal of Pharmacology*, *490*(1-3), 33-57.

3. Gibson, E. L. (2007). Carbohydrates and mental function: Feeding or impeding the brain? *Nutrition Bulletin*, *32*, 71-83.
4. Clarke, D. D. (1999). Circulation and energy metabolism of the brain. *Basic Neurochemistry: Molecular, Cellular, and Medical Aspects*. Clarke, D. D., Sokoloff, L. (1999). Circulation and energy metabolism of the brain. In Siegel, G. J., Agranoff, B. W., Albers, R. W., et al. (eds.), *Basic neurochemistry: Molecular, cellular and medical aspects*. 6th edition, Chapter 31. Philadelphia: Lippincott-Raven.
5. Job, V., Walton, G. M., Bernecker, K., & Dweck, C. S. (2013). Beliefs about willpower determine the impact of glucose on self-control. *Proceedings of the National Academy of Sciences of the United States of America*, *110*(37), 14837-14842.
6. 见注释 5。
7. The costs of insufficient sleep. (n.d.). RAND.
8. 见注释 7。
9. Rivkin, W., Diestel, S., Stollberger, J., & Sacramento, C. (2023). The role of regulatory, affective, and motivational resources in the adverse spillover of sleep in the home domain to employee effectiveness in the work domain. *Human Relations*, *76*(2), 199-232.
10. Rivkin, W. (2023, March 5). Personal communication [Personal interview].
11. Goggins, D. (2021). *Can't hurt me: Master your mind and defy the odds*. Lioncrest.

12. Cheung, B. Y., Takemura, K., Ou, C., Gale, A., & Heine, S. J. (2021). Considering cross-cultural differences in sleep duration between Japanese and Canadian university students. *PloS One*, *16*(4), e0250671.
13. Brewer, J. (2023, March 31). Personal communication [Personal interview].
14. 见注释 13。
15. 见注释 13。

第9章

1. Camparo, S., Maymin, P. Z., Park, C., Yoon, S., Zhang, C., Lee, Y., & Langer, E. J. (2022). The fatigue illusion: The physical effects of mindlessness. *Humanities and Social Sciences Communications*, *9*(1), 1-16.
2. Langer, E. J. (1989). *Mindfulness*. Reading, MA: Addison-Wesley Pub. Co.
3. 见注释 1。
4. Langer, E. J. (1989). *Mindfulness*. Reading, MA: Addison-Wesley Pub. Co., 234.
5. Chiesa, A., Calati, R., & Serretti, A. (2011). Does mindfulness training improve cognitive abilities? A systematic review of neuropsychological findings. *Clinical Psychology Review*, *31*(3), 449-464.
6. Davenport, C., & Pagnini, F. (2016). Mindful learning: A case study of Langerian mindfulness in schools. *Frontiers in Psychology*, *7*, 1372.
7. Creswell, J. D. (2017). Mindfulness interventions. *Annual Review of Psychology*, *68*, 491-516.

8. Pagnini, F., Phillips, D., Bercovitz, K., & Langer, E. (2019). Mindfulness and relaxation training for long duration spaceflight: Evidences from analog environments and military settings. *Acta Astronautica*, *165*, 1-8.
9. Pagnini, F., Bercovitz, K., & Langer, E. (2016). Perceived control and mindfulness: Implications for clinical practice. *Journal of Psychotherapy Integration*, *26*(2), 91.
10. Amabile, T., & Kramer, S. (2011). *The progress principle: Using small wins to ignite joy, engagement, and creativity at work*. Harvard Business Press.
11. Amabile, T., & Kramer, S. The power of small wins. *Harvard Business Review*.
12. Ryan, R. M., & Deci, E. L. (2000). Self-determination theory and the facilitation of intrinsic motivation, social development, and well-being. *American Psychologist*, *55*(1), 68.
13. Krakovsky, M. (2012). The secrets of self-improvement. *Scientific American Mind*, *23*(1), 38-43.
14. Bishop, K. (2022, February 25). Why relying on productivity tools can backfire. BBC Worklife.
15. Dunn, J. (2023, June 30). Me walk pretty one day. *New York Times*.
16. Salerno, A., Laran, J., & Janiszewski, C. (2015). Pride and regulatory behavior: The influence of appraisal information and self-regulatory goals. *Journal of Consumer Research*, *42*(3), 499-514.

第10章

1. Smith, P. (2016, May 3). Leicester City win Premier League:

How they did it differently. Sky Sports.

2. Christakis, N. A., & Fowler, J. H. (2008). The collective dynamics of smoking in a large social network. *New England Journal of Medicine*, *358*(21), 2249-2258.
3. Borsari, Brian, & Kate B. Carey. (2001). Peer influences on college drinking: A review of the research. *Journal of Substance Abuse*, *13*(4), 391-424.
4. Farrow, K., Grolleau, G., & Ibanez, L. (2017). Social norms and pro-environmental behavior: A review of the evidence. *Ecological Economics*, *140*, 1-13.
5. Bandura, A. (2000). Exercise of human agency through collective efficacy. *Current Directions in Psychological Science*, *9*(3), 75-78.
6. Linnenluecke, M. K., Verreynne, M., Scheepers, M., & Venter, C. (2017). A review of collaborative planning approaches for transformative change toward a sustainable future. *Journal of Cleaner Production*, *142*, 3212-3224.
7. Wang, D., Waldman, D. A., & Zhang, Z. (2014). A meta-analysis of shared leadership and team effectiveness. *Journal of Applied Psychology*, *99*(2), 181.
8. Zhao, Z., & Hou, J. (2009). The study on psychological capital development of intrapreneurial team. *International Journal of Psychological Studies*, *1*(2), 35-40.
9. Bai, Y., Feng, Z., & Job, V. (2022). Performance benefits of employees' own and their coworkers' nonlimited willpower beliefs. In *Academy of Management Proceedings*, *2022*(1), 11380). Briarcliff Manor, NY: Academy of Management.
10. Rock, D., & Grant, H. (2016). Why diverse teams are

smarter. *Harvard Business Review*, *4*(4), 2-5.

11. 见注释 9。

第11章

1. Silberman, S. (2015). *Neurotribes: The legacy of autism and the future of neurodiversity*. Penguin.
2. Bernard, R. Foreword. In Grandin, T., & Scariano, M. (1986). *Emergence: labeled autistic*. Novato, CA: Arena Press.
3. Loewenstein, G. (1994). The psychology of curiosity: A review and reinterpretation. *Psychological Bulletin*, *116*(1), 75.
4. Padulo, C., Marascia, E., Conte, N., Passarello, N., Mandolesi, L., & Fairfield, B. (2022). Curiosity killed the cat but not memory: Enhanced performance in high-curiosity states. *Brain Sciences*, *12*(7), 846.
5. Galli, G., Sirota, M., Gruber, M. J., Ivanof, B. E., Ganesh, J., Materassi, M., ... & Craik, F. I. (2018). Learning facts during aging: The benefits of curiosity. *Experimental Aging Research*, *44*(4), 311-328.
6. Kashdan, T. B., & Yuen, M. (2007). Whether highly curious students thrive academically depends on the learning environment of their school: A study of Hong Kong adolescents. *Motivation and Emotion*, *31*(4), 260-270.
7. Gallagher, M. W., & Lopez, S. J. (2007). Curiosity and well-being. *Journal of Positive Psychology*, *2*, 236-248.
8. Sharp, E. S., Reynolds, C. A., Pedersen, N. L., & Gatz, M. (2010). Cognitive engagement and cognitive aging: Is openness protective? *Psychology and Aging*, *25*(1), 60.
9. Kashdan, T. B., & Steger, M. F. (2007). Curiosity and pathways

to wellbeing and meaning in life: Traits, states, and everyday behaviors. *Motivation and Emotion*, *31*, 159-173.

10. Mussel, P. (2013). Introducing the construct curiosity for predicting job performance. *Journal of Organizational Behavior*, *34*(4), 453-472.
11. Graham, P. (2019). The Bus Ticket Theory of Genius.
12. Ziegler, M., Cengia, A., Mussel, P., & Gerstorf, D. (2015). Openness as a buffer against cognitive decline: The Openness-Fluid-Crystallized-Intelligence (OFCI) model applied to late adulthood. *Psychology and Aging*, *30*(3), 573-588.
13. Sakaki, M., Yagi, A., & Murayama, K. (2018b). Curiosity in old age: A possible key to achieving adaptive aging. *Neuroscience & Biobehavioral Reviews*, *88*, 106-116.
14. Setiya, K. (2023, April 4). Personal communication [Personal interview].
15. 见注释 14。
16. How philosophy can solve your midlife crisis. (2017, October 2). MIT News. Massachusetts Institute of Technology.
17. 见注释 14。

第12章

1. Ma, Y., Dixon, G., & Hmielowski, J. D. (2019). Psychological reactance from reading basic facts on climate change: The role of prior views and political identification. *Environmental Communication*, *13*(1), 71-86.
2. Kahan, D. M. (2013). Ideology, motivated reasoning, and cognitive reflection. *Judgment and Decision Making*, *8*(4), 407-424.

3. Housel, M. (2023, March 29). Mental liquidity. Collab Fund.
4. Santana, A. N., Roazzi, A., & de Nobre, A. P. M. C. (2022). The relationship between cognitive flexibility and mathematical performance in children: A meta-analysis. *Trends in Neuroscience and Education*, September 28: 100179.
5. Colé, P., Duncan, L. G., & Blaye, A. (2014). Cognitive flexibility predicts early reading skills. *Frontiers in Psychology*, *5*, 565.
6. Kalia, V., Fuesting, M., & Cody, M. (2019). Perseverance in solving Sudoku: Role of grit and cognitive flexibility in problem solving. *Journal of Cognitive Psychology*, *31*(3), 370-378.
7. Smith, C. A., & Konik, J. (2022). Who is satisfied with life? Personality, cognitive flexibility, and life satisfaction. *Current Psychology*, *41*(12), 9019-9026.
8. Legare, C. H., Dale, M. T., Kim, S. Y., & Deák, G. O. (2018). Cultural variation in cognitive flexibility reveals diversity in the development of executive functions. *Scientific Reports*, *8*(1), 1-14.
9. Diamond, A., & Lee, K. (2011). Interventions shown to aid executive function development in children 4 to 12 years old. *Science*, *333*(6045), 959-964.
10. Karbach, J., & Kray, J. (2009). How useful is executive control training? Age differences in near and far transfer of task-switching training. *Developmental Science*, *12*(6), 978-990.

第13章

1. 具有讽刺意味的是，这种来自“后真相”时代的挫败感，实际上同样是坚持信仰的“症状”。除了信仰理性是“好”的，理性的人会整合“官方”提供的所有信息——在很大程度上这是由信仰驱动的，而不仅仅是毫无温度的事实。正如对“疫苗犹豫”等主题的研究所显示的，真实的人类做决策时的思绪和举动要微妙得多。不过，这又是另一回事了。

2. Demetrious, K. (2022). Deep canvassing: Persuasion, ethics, democracy and activist public relations. *Public Relations Inquiry*, *11*(3), 361-377.
3. Kalla, J. L., & Broockman, D. E. (2020). Reducing exclusionary attitudes through interpersonal conversation: Evidence from three field experiments. *American Political Science Review*, *114*(2), 410-425.
4. Why is it so hard to change people's minds? (n.d.). Greater Good.

第14章

1. Asch, S. E. (1951). Effects of group pressure upon the modification and distortion of judgments. *Groups, Leadership, and Men*, 177-190.
2. Example cards from the Asch experiment. Wikipedia contributors. (2023). Asch conformity experiments. Wikipedia.
3. Asch, S. (1955). Opinions and social pressure. *Scientific American*, *193*(5), 31-35.
4. Bahrami, B., Olsen, K., Latham, P. E., Roepstorff, A., Rees, G., & Frith, C. D. (2010). Optimally interacting minds. *Science*, *329*(5995), 1081-1085.
5. Bahrami, B. (2023, May 23). Personal communication [Personal interview].
6. Janis, I. L. (1972). *Victims of Groupthink: A Psychological Study of Foreign-policy Decisions and Fiascoes*. Houghton Mifflin.

7. Janis, I. L. (1982). *Groupthink*. (2nd ed.). Boston: Houghton Mifflin.
8. What caused the *Challenger* disaster? (2022, January 28). HISTORY.
9. House Committee. (1986). Investigation of the Challenger accident: report of the Committee on Science and Technology, House of Representatives, Ninety-ninth Congress. Second session, 4.
10. Schwartz, J., & Wald, M. L. (2003, March 9). The Nation: NASA's curse? "Groupthink" is 30 years old, and still going strong. *New York Times*.
11. 见注释5，第89页。
12. Edmondson, A. (1999). Psychological safety and learning behavior in work teams. *Administrative Science Quarterly*, *44*(2), 350-383.
13. Edmonson, A.C. (2023, April 1). Personal communication [Personal interview].
14. Edmondson, A. C. (2018). *The fearless organization: Creating psychological safety in the workplace for learning, innovation, and growth*. John Wiley & Sons.

第15章

1. Junod, T. (2022, December 23). Mister Rogers's enduring wisdom. *The Atlantic*.
2. Higgins, C. (2012, August 4). Mister Rogers' epic 9-part, 4.5-hour interview/Mental Floss. Mental Floss.
3. Brooks, D. (2015, April 11). Opinion/The moral bucket list. *New York Times*.

4. Ashoka Biography. (2019, July 25). Biography Online.

第16章

1. Branson, C. M. (2008, May 9). Achieving organisational change through values alignment. *Journal of Educational Administration, 46*(3), 376-395.
2. Witteman, H. O., Ndjaboue, R., Vaisson, G., Dansokho, S. C., Arnold, B., Bridges, J. F., ... & Jansen, J. (2021). Clarifying values: An updated and expanded systematic review and meta-analysis. *Medical Decision Making*, *41*(7), 801-820.
3. Bostrom, N. (2003). Ethical issues in advanced artificial intelligence. *Science Fiction and Philosophy: From Time Travel to Superintelligence*, 277, 284.
4. Schwartz, S. H., & Bilsky, W. (1987). Toward a universal psychological structure of human values. *Journal of Personality and Social Psychology*, *53*(3), 551.
5. Fritz, M. R., & Guthrie, K. L. (2017). Values clarification: Essential for leadership learning. *Journal of Leadership Education*, *16*(1), 47-63.
6. Toyota Motor Asia Pacific Pte Ltd. (2006, March). Ask "why" five times about every matter. Toyota Myanmar.
7. Bicchieri, C., Muldoon, R., & Sontuoso, A. (2014). Social norms. *The Stanford Encyclopedia of Philosophy*.
8. Barrett, L. F. (2017). *How emotions are made: The secret life of the brain*. Pan Macmillan.
9. Wenglinsky, M. (1975). Obedience to Authority: An Experimental View. *Contemporary Sociology: A Journal of Reviews, 47*(4).

10. Loveday, P. M., Lovell, G. P., & Jones, C. M. (2018). The best possible selves intervention: A review of the literature to evaluate efficacy and guide future research. *Journal of Happiness Studies*, *19*, 607-628.

第17章

1. Schwartz, S. J., Côté, J. E., & Arnett, J. J. (2005). Identity and agency in emerging adulthood: Two developmental routes in the individualization process. *Youth and Society*, *37*(2), 201-229.
2. Greene, J. D., Nystrom, L. E., Engell, A. D., Darley, J. M., & Cohen, J. D. (2004). The neural bases of cognitive conflict and control in moral judgment. *Neuron*, *44*(2), 389-400.
3. Haidt, J., & Graham, J. (2007). When morality opposes justice: Conservatives have moral intuitions that liberals may not recognize. *Social Justice Research*, *20*(1), 98-116.
4. Giles, L. C., Glonek, G., Luszcz, M. A., & Andrews, G. R. (2005). Effect of social networks on 10 year survival in very old Australians: The Australian longitudinal study of aging. *Journal of Epidemiology and Community Health*, *59*(7), 574-579.
5. Hassan, J. (2021, June 1). Naomi Osaka hailed for bravery, pilloried for "diva behavior" amid French Open withdrawal. *Washington Post*.
6. Image from Duarte, N. (2013). *Resonate: Present visual stories that transform audiences*. John Wiley & Sons, 77.
7. Heyward, G. (2023, January 11). Naomi Osaka announces pregnancy and plans to return to tennis. NPR.
8. Randel, A. E., Galvin, B. M., Shore, L. M., Ehrhart, K.

H., Chung, B. G., Dean, M. A., & Kedharnath, U. (2018). Inclusive leadership: Realizing positive outcomes through belongingness and being valued for uniqueness. *Human Resource Management Review*, *28*(2), 190--03.

9. Schulz-Hardt, S., Brodbeck, F. C., Mojzisch, A., Kerschreiter, R., & Frey, D. (2006). Group decision making in hidden profile situations: dissent as a facilitator for decision quality. *Journal of Personality and Social Psychology*, *91*(6), 1080.
10. Lee, H., An, S., Lim, G. Y., & Sohn, Y. W. (2021). Ethical leadership and followers' emotional exhaustion: Exploring the roles of three types of emotional labor toward leaders in South Korea. *International Journal of Environmental Research and Public Health*, *18*(20), 10862.

第18章

1. Tuckman, B. W. (1965). Developmental sequence in small groups. *Psychological Bulletin*, *63*(6), 384.
2. Pronin, E., Kruger, J., Savtisky, K., & Ross, L. (2001). You don't know me, but I know you: The illusion of asymmetric insight. *Journal of Personality and Social Psychology*, *81*(4), 639.
3. Pronin, E., Kruger, J., Savtisky, K., & Ross, L. (2001). You don't know me, but I know you: The illusion of asymmetric insight. *Journal of Personality and Social Psychology*, *81*(4), 639, 647.
4. Ames, D. R. (2004). Inside the mind reader's tool kit: projection and stereotyping in mental state inference. *Journal of Personality and Social Psychology*, *87*(3), 340.

5. Tamir, D. I., & Mitchell, J. P. (2013). Anchoring and adjustment during social inferences. *Journal of Experimental Psychology: General*, *142*(1), 151-162.

6. Ames, D. R. (2004). Inside the mind reader's tool kit: Projection and stereotyping in mental state inference. *Journal of Personality and Social Psychology*, *87*(3), 340.

7. Tappin, B. M., & McKay, R. T. (2017). The illusion of moral superiority. *Social Psychological and Personality Science*, *8*(6), 623-631.

8. 类似的研究发现，80% 的司机认为自己是高于平均水平的司机。

9. Extrinsic incentive bias—The Decision Lab. (n.d.). The Decision Lab.

10. Silvia, P. J. (2021). The self-reflection and insight scale: Applying item response theory to craft an efficient short form. *Current Psychology*.

11. Carr, S. E., & Johnson, P. H. (2013). Does self-reflection and insight correlate with academic performance in medical students? *BMC Med Educ.*, *13*(1), 113-126.

12. Baghramian, M., Petherbridge, D., & Stout, R. (2020). Vulnerability and trust: An introduction. *International Journal of Philosophical Studies*, *28*(5), 575-582.

13. Lencioni, P. (2002). *The five dysfunctions of a team: A leadership fable*. Jossey-Bass.

14. 许多研究（例如：Pettigrew, T. F., & Tropp, L. R. (2006). A meta-analytic test of intergroup contact theory. *Journal of Personality and Social Psychology*, 90(5), 751）表明，与社会中其他群体有接触的人对其他群体产生偏见或种族歧视的可能性更小。

15. 改编自詹姆斯·克利尔的一份列表，他说自己的灵感源于在 The LeaderShape Institute 所做的工作。

第19章

1. Dawson, B. C. (2024, May 24). Kiichiro and Eiji Toyoda: Blazing the Toyota Way. BW Online.
2. Burry, M. J. (2010, April 3). Opinion. I saw the crisis coming. Why didn't the Fed? *New York Times*.
3. Epictetus. *Enchiridion*. Translated by George Long. Dover Publications, 2004.
4. 关于“可乐大战”的更多信息，请见 ：Louis, J. C., & Yazijian, H. Z. (1980). *The Cola Wars*. Everest House。

第20章

1. Eriksen, C. W., & Yeh, Y. Y. (1985). Allocation of attention in the visual field. *Journal of Experimental Psychology: Human Perception and Performance*, *11*(5), 583.
2. Ireland, J. D. (2007). *Udana and the Itivuttaka: Two classics from the Pali Canon* (Vol. 214). Buddhist Publication Society.
3. Affect Heuristic—The Decision Lab. (n.d.). The Decision Lab.
4. The Impact of Gratitude on Mental Health—NAMI California. (2021, January 8). NAMI California.
5. Wong, Y. J., Owen, J., Gabana, N. T., Brown, J. W., McInnis, S., Toth, P., & Gilman, L. (2018). Does gratitude writing improve the mental health of psychotherapy clients? Evidence from a randomized controlled trial. *Psychotherapy Research*, *28*(2), 192-202.
6. Mendelson, A. (2001). Effects of Novelty in News Photographs

on Attention and Memory. *Media Psychology*, *3*(2), 119-157.
7. Harris, R. (2019). Defining and measuring the productive office. *Journal of Corporate Real Estate*, *21*(1), 55-71.
8. Locke, E. A., & Latham, G. P. (2002). Building a practically useful theory of goal setting and task motivation: A 35-year odyssey. *American Psychologist*, *57*(9), 705.
9. Locke, E. A., & Bryan, J. (1969). The directing function of goals in task performance. *Organizational Behavior and Human Performance*, *4*, 35-42.

第21章

1. Wood, R. C., Levine, D. S., Cory, G. A., & Wilson, D. R. (2015). Evolutionary neuroscience and motivation in organizations. In *Organizational neuroscience* (Vol. 7, pp. 143-167). Emerald Group Publishing Limited.
2. Elliot, A. J., & McGregor, H. A. (2001). A 2×2 achievement goal framework. *Journal of Personality and Social Psychology*, *80*(3), 501.
3. Howell, A. J., & Watson, D. C. (2007). Procrastination: Associations with achievement goal orientation and learning strategies. *Personality and Individual Differences*, *43*(1), 167-178.
4. Wang, H., & Lehman, J. D. (2021). Using achievement goal-based personalized motivational feedback to enhance online learning. *Educational Technology Research and Development*, *69*, 553-581.

第22章

1. Zabelina, D. L., O'Leary, D., Pornpattananangkul, N., Nusslock,

R., & Beeman, M. (2015). Creativity and sensory gating indexed by the P50: Selective versus leaky sensory gating in divergent thinkers and creative achievers. *Neuropsychologia*, *69*, 77-84.

2. Zabelina, D., Saporta, A., & Beeman, M. (2016). Flexible or leaky attention in creative people? Distinct patterns of attention for different types of creative thinking. *Memory & Cognition*, *44*, 488-498.
3. Dirlewanger M, et al. (2000). Effects of short-term carbohydrate or fat overfeeding on energy expenditure and plasma leptin concentrations in healthy female subjects. *Int J Obes Relat Metab Disord*, *24*(11): 1413-8.
4. Kuijer, R. G., & Boyce, J. A. (2014). Chocolate cake. Guilt or celebration? Associations with healthy eating attitudes, perceived behavioural control, intentions and weight-loss. *Appetite*, *74*, 48-54.
5. Bandura, A. (1997). *Self-efficacy: The exercise of control*. New York: W.H. Freeman.
6. Dweck, C. S. (2006). *Mindset: The new psychology of success*. New York: Random House.

第23章

1. Csíkszentmihályi, M. (2000). *Beyond boredom and anxiety*. Jossey-Bass.
2. Nakamura, J., & Csíkszentmihályi, M. (2009). Flow theory and research. *Handbook of positive psychology*, *195*, 206.
3. Barrett, N. F. (2011). "Wuwei" and flow: Comparative reflections on spirituality, transcendence, and skill in the Zhuangzi. *Philosophy East and West*, 679-706.

4. Thatcher, A., Wretschko, G., & Fridjhon, P. (2008). Online flow experiences, problematic Internet use and Internet procrastination. *Computers in Human Behavior*, *24*(5), 2236-2254.
5. Harari, Y. N. (2008). Combat flow: Military, political, and ethical dimensions of subjective well-being in war. *Review of General Psychology*, *12*(3), 253-264.
6. 见注释 5。
7. Dixon, M. J., Stange, M., Larche, C. J., Graydon, C., Fugelsang, J. A., & Harrigan, K. A. (2018). Dark flow, depression and multiline slot machine play. *Journal of Gambling Studies*, *34*, 73-84.
8. Aust, F., Beneke, T., Peifer, C., & Wekenborg, M. (2022). The relationship between flow experience and burnout symptoms: A systematic review. *International Journal of Environmental Research and Public Health*, *19*, 3865.
9. 见注释 8。
10. Vallerand, R. J. (2015). *The psychology of passion: A dualistic model*. Series in Positive Psychology.
11. Zumeta, L. N., Oriol, X., Telletxea, S., Amutio, A., & Basabe, N. (2016). Collective efficacy in sports and physical activities: Perceived emotional synchrony and shared flow. *Frontiers in Psychology*, *6*, 1960.
12. van den Hout, J. J., & Davis, O. C. (2022). Promoting the emergence of team flow in organizations. *International Journal of Applied Positive Psychology*, *7*(2), 143-189.

第 24 章

1. Schulz-Hardt, S., Brodbeck, F. C., Mojzisch, A., Kerschreiter,

R., & Frey, D. (2006). Group decision making in hidden profile situations: dissent as a facilitator for decision quality. *Journal of Personality and Social Psychology*, *91*(6), 1080.

2. De Dreu, C. K., & West, M. A. (2001). Minority dissent and team innovation: The importance of participation in decision making. *Journal of Applied Psychology*, *86*(6), 1191.
3. Massachusetts Institute of Technology. (2018, April 9). Morela, H. The Impossibility of Focusing on Two Things at Once. *MIT Sloan Management Review*.
4. Why Multitasking Doesn't Work. (2022, October 11). Cleveland Clinic.
5. Larson, J. R., Jr., Foster-Fishman, P. G., & Keys, C. B. (1994). Discussion of shared and unshared information in decision-making groups. *Journal of Personality and Social Psychology*, *67*(3), 446-461.

第25章

1. Clear, J. (2018). *Atomic habits: An easy & proven way to build good habits & break bad ones*. Penguin.

第26章

1. Wood, W., Quinn, J. M., & Kashy, D. A. (2002). Habits in everyday life: thought, emotion, and action. *Journal of Personality and Social Psychology*, *83*(6), 1281.
2. Bargh, J. (1994). The four horsemen of automaticity: Awareness, intention, efficiency and control in social cognition. *Handbook of social cognition: Basic processes*. Erlbaum. 1-40.
3. Adriaanse, M. A., Kroese, F. M., Gillebaart, M., & De

Ridder, D. T. (2014). Effortless inhibition: Habit mediates the relation between self-control and unhealthy snack consumption. *Frontiers in Psychology*, *5*, 444.

4. Duhigg, Charles. (2012). *The power of habit: Why we do what we do in life and business*. Random House.
5. MIT researcher sheds light on why habits are hard to make and break. (1999, October 20). MIT News. Massachusetts Institute of Technology.
6. Brewer, J. (2019). Mindfulness training for addictions: Has neuroscience revealed a brain hack by which awareness subverts the addictive process? *Current Opinion in Psychology*, *28*, 198-203.
7. Ludwig, V. U., Brown, K. W., & Brewer, J. A. (2020). Self-regulation without force: Can awareness leverage reward to drive behavior change? *Perspectives on Psychological Science*, *15*(6), 1382-1399.
8. Hill, D. (2021, October 2). The Neuroscience of Habits. Psychology Today.
9. Hill, D. (n.d.). Use ACT to change unhelpful habits into values-rich habits. https://drdianahill.com/.
10. Clear, J. (2020, February 4). *Habit Stacking: How to Build New Habits by Taking Advantage of Old Ones*. James Clear.

第27章

1. World Health Organization: WHO. (2022b). Blood safety and availability. www.who.int.
2. Titmuss, R. (2018). *The gift relationship: From human blood to social policy*. Policy Press.
3. Ludwig, V. U., Brown, K. W., & Brewer, J. A. (2020). Self-

regulation without force: Can awareness leverage reward to drive behavior change? *Perspectives on Psychological Science*, *15*(6), 1382-1399.

4. Ryan, R. M., & Deci, E. L. (2017). *Self-determination theory: Basic psychological needs in motivation, development, and wellness*. New York: Guilford Press.
5. Aldao, A., Nolen-Hoeksema, S., & Schweizer, S. (2010). Emotion-regulation strategies across psychopathology: A meta-analytic review. *Clinical Psychology Review*, *30*(2), 217-237.
6. Appleton, K. M., & McGowan, L. (2006). The relationship between restrained eating and poor psychological health is moderated by pleasure normally associated with eating. *Eating Behaviors*, *7*(4), 342-347.
7. Friese, M., & Hofmann, W. (2016). State mindfulness, self-regulation, and emotional experience in everyday life. *Motivation Science*, *2*(1), 1-14.

第28章

1. 6 rituals and traditions from successful creative teams. Inside Design Blog. (n.d.).
2. Giovagnoli, R. (2017, June). From habits to rituals. In *Proceedings* (Vol. 1, No. 3, p. 225). MDPI.
3. Brooks, A. W., Schroeder, J., Risen, J. L., Gino, F., Galinsky, A. D., Norton, M. I., & Schweitzer, M. E. (2016). Don't stop believing: Rituals improve performance by decreasing anxiety. *Organizational Behavior and Human Decision Processes*, *137*, 71-85.
4. Hobson, N. M., Schroeder, J., Risen, J. L., Xygalatas, D., &

Inzlicht, M. (2018). The psychology of rituals: An integrative review and process-based framework. *Personality and Social Psychology Review*, *22*(3), 260-284.

5. Norton, M. I., & Gino, F. (2014). Rituals alleviate grieving for loved ones, lovers, and lotteries. *Journal of Experimental Psychology: General*, *143*(1), 266.
6. Rituals at work: Teams that play together stay together. (2022, March 24). HBS Working Knowledge.
7. Kim, T., Sezer, O., Schroeder, J., Risen, J., Gino, F., & Norton, M. I. (2021). Work group rituals enhance the meaning of work. *Organizational Behavior and Human Decision Processes*, *165*, 197-212.
8. Tami, K. (2023, March 23). Personal communication [Personal interview].
9. Bloom, N., Liang, J., Roberts, J., & Ying, Z. J. (2015). Does working from home work? Evidence from a Chinese experiment. *The Quarterly Journal of Economics*, *130*(1), 165-218; How working from home works out. (n.d.). Stanford Institute for Economic Policy Research (SIEPR).
10. Bloom, N. (2023, March 6). Personal communication [Personal interview]; WFH Research. Survey of Working Arrangements and Attitudes. (n.d.).
11. Twaronite, K. (2019, March 21). The surprising power of simply asking coworkers how they're doing. *Harvard Business Review*.
12. Team bonding: Exploring how mandatory and optional activities affect employees. Nulab. (n.d.). Nulab.
13. Kim, T., Sezer, O., Schroeder, J., Risen, J., Gino, F.,

& Norton, M. I. (2021). Work group rituals enhance the meaning of work. *Organizational Behavior and Human Decision Processes*, *165*, 197-212.

第29章

1. Waldinger, R. (n.d.). What makes a good life? Lessons from the longest study on happiness [Video]. TED Talks.
2. Holt-Lunstad, J., Smith, T. B., & Layton, J. B. (2010). Social relationships and mortality risk: A meta-analytic review. *PLoS Medicine*, *7*(7), e1000316.
3. Eisenberger, N. I., & Cole, S. W. (2012). Social neuroscience and health: neurophysiological mechanisms linking social ties with physical health. *Nature Neuroscience*, *15*(5), 669-674.
4. Santini, Z. I., Koyanagi, A., Tyrovolas, S., Mason, C., & Haro, J. M. (2015). The association between social relationships and depression: A systematic review. *Journal of Affective Disorders*, *175*, 53-65.
5. Kuiper, J. S., Zuidersma, M., Voshaar, R. C. O., Zuidema, S. U., van den Heuvel, E. R., Stolk, R. P., & Smidt, N. (2015). Social relationships and risk of dementia: A systematic review and meta-analysis of longitudinal cohort studies. *Aging Research Reviews*, *22*, 39-57.
6. Eisenberger, N. I., Master, S. L., Inagaki, T. K., Taylor, S. E., Shirinyan, D., Lieberman, M. D., & Naliboff, B. D. (2011). Attachment figures activate a safety signal-related neural region and reduce pain experience. *Proceedings of the National Academy of Sciences*, *108*(28), 11721-11726.
7. Mineo, L. (2023, April 5). Over nearly 80 years, Harvard

study has been showing how to live a healthy and happy life. *Harvard Gazette*.

8. Ruggles, S. (2007). The decline of intergenerational coresidence in the United States, 1850 to 2000. *American Sociological Review*, *72*(6), 964-989.
9. Fry, R., Passel, J. S., & Cohn, D. (2020, September 9). A majority of young adults in the U.S. live with their parents for the first time since the Great Depression. Pew Research Center.
10. Treleaven, S. (2021). Platonic parenting: Why more people are having babies with friends—*Today's Parent*.
11. The Teen Brain: 7 Things to Know. (n.d.). National Institute of Mental Health (NIMH).
12. Neill, A. S. (1962). *Summerhill*. Pocket Books, 4.
13. CBS News. (2006, November 19). No grades, no tests at "Free School." CBS News.
14. Press—Brooklyn Free School. (n.d.). Brooklyn Free School.
15. Carney, B. (2018, November 4). Give your team the freedom to do the work they think matters most. *Harvard Business Review*.
16. 见注释 15。
17. Palmarès Best Workplaces France 2018. Great Place to Work France. (n.d.).